变电站土建专业设计与计算手册

主编 胡 晨 汪 翔 靳幸福

中国科学技术大学出版社

U0344469

内 容 简 介

随着我国经济的快速发展,电力需求愈加旺盛,变电站设计及建设进入高速发展阶段。由于变电站土建专业细分方向多,涉及结构、暖通、给排水、消防等不同方向,专业计算较为复杂。本书依据现行国家标准编写,从工程技术人员实用性角度出发,系统介绍了变电站土建专业总图设计、结构设计、暖通设计、给排水设计和消防设计的原理与计算方法,并结合实际工程,给出了计算案例,便于读者学习和使用。

图书在版编目(CIP)数据

变电站土建专业设计与计算手册/胡晨,汪翔,靳幸福主编.—合肥:中国科学技术大学出版社,2024.6

ISBN 978-7-312-05675-8

Ⅰ. 变⋯ Ⅱ. ① 胡⋯ ② 汪⋯ ③ 靳⋯ Ⅲ. 变电所—建筑工程—工程设计—手册
Ⅳ. TM63-62

中国国家版本馆 CIP 数据核字(2023)第 150141 号

变电站土建专业设计与计算手册

BIANDIANZHAN TUJIAN ZHUANYE SHEJI YU JISUAN SHOUCE

出版	中国科学技术大学出版社
	安徽省合肥市金寨路 96 号,230026
	http://press. ustc. edu. cn
	https://zgkxjsdxcbs. tmall. com
印刷	合肥市宏基印刷有限公司
发行	中国科学技术大学出版社
开本	710 mm×1000 mm　1/16
印张	13.75
字数	252 千
版次	2024 年 6 月第 1 版
印次	2024 年 6 月第 1 次印刷
定价	58.00 元

编 委 会

主　编	胡　晨	汪　翔	靳幸福
副主编	何宇辰	张慧洁	刘　超
参　编	梅晓晨	刘　用	卫　冕
	孙　帆	韩承永	贾健雄
	王　笠	薛　欢	蔡冰冰
	王　灿	冯景伟	王立平
	汪皖黔	刘　伟	

前　言

　　电网是关系国计民生的重要基础设施,而变电站是坚强智能电网的重要组成部分,关系电网安全、质量和效益。在变电站的建设过程中,土建专业设计是非常重要的环节,既是变电站工程建设的基础,也是确保稳定性和安全性的重要一环。变电站土建设计包括总图布置、建筑物、构筑物、暖通、水工、消防等设计,涉及建筑、结构、给排水、暖通、消防等多个专业,各个细分专业涉及规范条文和计算要求繁多,因此变电站土建设计的复杂程度较高。

　　本书结合变电工程土建专业设计的特点,系统介绍了变电站总图设计原则,建筑物和构筑物钢结构设计流程及典型节点计算方法,以及变电站采暖通风设计、给排水设计和消防设计的主要内容,并结合工程案例介绍了相关设计流程。本书可作为变电站土建专业设计的参考指导书,可以帮助相关从业人员有针对性地开展变电站土建设计,提高设计成果质量和出图效率。同时,本书可作为电力建设、勘察、设计、监理和施工人员的参考书。

　　由于水平所限,书中难免存在疏漏与不足之处,敬请各位读者批评指正。

编　者

2023 年 3 月

目　　录

第1章 绪 论

1.1 编制背景

随着我国经济的发展,电能已经成为与我们日常生活密切相关的首要能源,为了把发电厂发出来的电能输送到较远的地方,必须把电压升高,使其变为高压电,到用户附近再按需要把电压降低,这种升降电压的工作靠变电站来完成。变电站是电力系统中变换电压、接受和分配电能、控制电力的流向和调整电压的重要场所,是整个电力系统输配电网络的重要节点。目前,我国电力系统 35 kV 及以上电压等级变电站有 33000 余座,而且每年有上千座 35 kV 及以上电压等级新建变电站投入运行。随着变电站建设规模不断扩大,安全、稳定的变电站建设成为满足人们用电需求的重要保障。

在变电站的建设过程中,土建专业设计是其中非常基础且重要的一环。相较于电气专业,土建专业的细分专业更为复杂,设计过程中涉及的规范条文也更为繁复,在电网工程建设要求不断提高、技术不断升级的大背景下,结合规程规范的计算要求和典型工程建设经验进行总结、深化和提升,形成适用于电网基建工程专业计算的指导书和实例集,对于提升工程设计质量,保障变电站安全建设、顺利投运,是非常必要和紧迫的。

1.2 变电站土建专业设计内容

变电站土建设计包括总图布置、建筑物设计、构筑物设计、暖通和水工以及消防等内容,涉及总图、建筑、结构、给排水、暖通、消防等多个专业,需要学习了解的专业规范条文繁多,使得新从业人员学习难度相对较大。

为了更好地开展变电站土建设计工作,引导变电站土建及相关设计人员快速入门,本书将从总图设计、结构设计、采暖通风设计、给排水设计和消防设计等方面系统介绍变电站设计的主要内容,具体包括以下方面。

1.2.1　变电站总图设计

变电站总图是指拟建项目施工场地的总布置图,变电站总图设计分为电气、土建两大部分。本书主要介绍土建总图设计,包括总平面图及道路、围墙、土方布置原则等内容。

1.2.2　变电站建筑物钢结构设计

在建设"两型一化"变电站总体目标下,国家电网有限公司明确提出,建筑物宜采用装配式钢结构,实现标准化设计、工厂化生产、智能化技术、装配式建设、机械化施工。因此,目前装配式钢结构在变电站建筑中被大量应用。本书将聚焦变电站钢结构建筑物设计,通过典型变电站工程案例,介绍建筑物钢结构体系组成与布置原则、构件内力计算与设计、典型节点与基础设计方法。

1.2.3　变电站构筑物钢结构设计

变电站中厂区构架和电气设备支架统称为变电站构支架,在变电站建设中构支架设计影响着设备安全运行,是变电站工程设计的重点之一。早期变电站构支架从经济性角度出发,采用钢筋混凝土环形杆作为主要受力构件,存在腐蚀严重、使用寿命短等缺点。随着我国经济实力和钢产量的提升,钢结构因具有设计简明、安装简单、维修方便、强度高和抗震性能好等优点,在钢结构构筑物中应用越来越广。本书将聚焦变电站钢结构构筑物设计,通过典型变电站工程案例,介绍构筑物钢结构组成与特点、荷载与荷载效应、内力计算与构件设计和基础节点设计方法。

1.2.4　建筑物采暖通风设计

供暖、通风与空气调节工程是变电站建设中不可缺少的部分。变电站中的通风系统主要用于排除电气设备房间的余热及有害气体。排除余热的房间主要有电气设备室、电容器室、电抗器室、配电装置室、电缆夹层等。排除有害气体的房间主要有蓄电池室和可能产生 SF_6 的配电装置室。另外,变电站控制室、计算机室、继电保护室、远动通信室、二次设备室、值班室等一般需要设置空调设施。该部分内容将结合变电站采暖通风设计需求,首先介绍相关设计参数取值与计算方法、设备选择与布置要求,之后结合典型工程案例,详细介绍变电站采暖通风设计流程。

1.2.5 变电站给排水设计

给排水系统设计是变电站整体安全稳定的基础,其保证了站区内生产与生活用水的供给,也保证了站区内雨水、污水的顺利排放,同时其在变电站周遭环境的保护以及预防火灾事故发生等方面也发挥了重要作用,对变电站安全运行具有重要意义。变电站给排水系统主要包括给水、消防给水、雨水排放、污水排放四个子系统,书中主要介绍变电站给排水系统的组成、给水系统设计、排水系统设计、雨水泵站设计以及变电站外围截洪沟设计,并以典型户外变电站和全户内变电站为案例,提供了上述各系统的设计计算范例。

1.2.6 变电站消防设计

变电站建筑中主变压器和电容器等电气设备含油量均较多,存在较高的火灾安全隐患。书中主要介绍变电站消防设计规定、建筑消防设施和设备消防设施配置要求,并以典型变电站为案例,详细介绍上述消防设施及设备设计流程及配置方法。

第2章　变电站总图设计

2.1　引　　言

变电站总图是指拟建项目施工场地的总布置图,它按照施工部署、施工方案和施工总进度计划的要求,将施工现场的交通道路、材料仓库、附属生产或加工企业、临时建筑,临时水、电、管线等合理规划和布置,并以图纸的形式表达出来,从而正确处理全工地施工期间所需各项设施与永久建筑、拟建工程之间的空间关系,指导现场进行有组织、有计划的文明施工。

本章主要介绍变电站土建总图,从道路场地、围墙、土方等方面对设计提出要求。

2.2　总平面布置原则

站区规划和总布置应符合国家现行标准《35 kV～110 kV 变电站设计规范》(GB 50059—2011)、《220 kV～750 kV 变电站设计技术规程》(DL/T 5218—2012)和《变电站总布置设计技术规程》(DL/T 5056—2007)的规定。

变电站的布置应根据工艺技术、运行、施工和扩建需要,充分利用自然地形,并结合生活需求,满足布置紧凑合理、扩建方便的要求;宜根据建设需要分期征用土地。生产区、进站道路、进出线走廊、终端塔位、水源地、给排水设施、排洪和防洪设施等应统筹安排、合理布局。

变电站辅助和附属建筑的布置应根据工艺要求和使用功能统一规划,宜结合工程条件采用联合建筑和多层建筑,提高场地使用效益,节约用地。

配电装置选型应因地制宜,在技术经济指标合理时,宜采用占地少的配电装置形式。

各级配电装置的布置位置,应使通向变电站的架空线路在入口处的交叉和转角的数量最少,场内道路和低压电力、控制电缆的长度最短,以及各配电装置和主变压器之间连接的长度也最短。

防洪、抗震设防地区的变电站,应根据地质、地形等因素,将主要的生产建(构)筑物布置在相对安全的地段。

站址定位应合理利用地质、地形条件,对高陡边坡应分析其稳定性及其对建(构)筑物的影响,并制订防止人畜跌落的安全措施。

变电站场地宜采用平坡式布置,当地形高差较大时,可采用阶梯布置方式。

变电站总平面的进站道路、排水路径、线路进出方向及形式应结合站址环境条件和规划要求确定。

2.3　道路及场地

2.3.1　一般原则

变电站道路与广场设计应根据运行、检修、消防和大件设备运输等要求,结合站区总平面布置、竖向布置、站外道路状况、自然条件、当地发展规划等因素综合确定。站内外道路的平面、纵断面及横断面设计应协调一致,相互平顺衔接。

站内外道路结构层设计应考虑施工期间车辆通行时的建设工序要求,可采取临时硬化措施。

站内外道路的纵坡不宜大于 6%,山区变电站或受条件限制的地段可加大至8%。位于寒冷、积雪地区的变电站应采用增大路面摩擦系数或增大路面防滑条等技术措施和手段,改善冬季行车条件。

站内道路界限应满足《厂矿道路设计规范》(GBJ 22—87)、《工业企业厂内铁路、道路运输安全规程》(GB 4387—2008)的要求,道路边线至建(构)筑物外缘的距离应满足要求;站外道路界限应满足《公路工程技术标准》(JTG B01—2020)中三、四级公路的净空限制要求。

位于季节性冻土地区的道路和广场结构层设计,应满足季节性冻胀土对结构层设计的要求。

位于软弱土地区的道路和广场设计,应考虑地基沉降对路面和广场的破坏作用,并采取适当的地基处理和路床加强措施。

位于湿陷性黄土、膨胀土、盐渍土等特殊地区的道路和广场地基处理应满足《公路路基设计规范》(JTG D30—2015)的要求。

2.3.2　进站道路

变电站进站道路应结合地方路网规划,充分利用现有道路。进站道路设计应根据站址所处地区的路网规划、地形地质、水文气象、环境保护与土地资源、拆迁和施工条件等基础资料,做全面的技术经济比较,优化选择道路路径以及纵断面布置,避免高路堤和深路堑,以减少投资。

进站道路设计应坚持节约用地的原则,不占或少占耕地,以利于农田排灌,重视水土保持和环境保护;宜避开地质不良地段、地下活动采空区,不压或少压地下资源,并不宜穿越无安全措施的爆破危险地段。

进站道路的技术标准如下:

(1)变电站进站道路可采用郊区型(如图 2.1)或城市型(如图 2.2),路面宽度应根据变电站的电压等级确定:110 kV 及以下取 4 m;220 kV 取 4.5 m;330 kV 及以上取 6 m。当进站道路较长时,330 kV 及以上变电站进站道路宽度可统一采用 4.5 m,并设置错车道。路肩宽度每边均为 0.5 m。进站道路需根据需要设置排水沟。

图 2.1　郊区型进站道路　　　　　　图 2.2　城市型进站道路

(2)当路基宽度小于 5.5 m,且道路两端不能通视时,宜在适当位置设错车道。错车道宜设置在坡度不大于 4%的路段,任意相邻错车道之间应能互相通视,如图 2.3 所示。

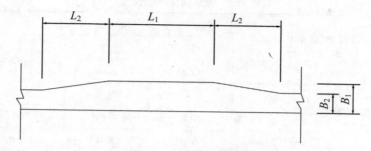

图 2.3 错车道布置图

L_1:通行车辆长度的 2 倍(不小于 20 m);L_2:渐宽长度(不小于车长的 1.5 倍);B_1:双车道路基宽度;B_2:单车道路基宽度

(3) 进站道路其余技术指标可参照《厂矿道路设计规范》(GBJ 22—87)中四级道路标准,各项主要技术指标可按表 2.1 的规定执行。

表 2.1 进站道路主要技术指标

主要技术指标	四 级 道 路	
	平原、微丘	山岭、重丘
行车速度(km/h)	40	20
极限最小圆曲线半径(m)	60	15
一般最小圆曲线半径(m)	100	30
不设超高的最小圆曲线半径(m)	600	150
停车视距(m)	40	20
会车视距(m)	80	40
最大纵坡(%)	6	9

(4) 进站道路的最小圆曲线半径,应采用大于或等于表 2.1 所列一般最小圆曲线半径,当受地形或其他条件限制时,可采用极限最小圆曲线半径。

通过居民区或接近站区,或其平面线形受地形或其他条件限制时,可设置限制速度标志,并可按该限制速度采用相应的极限最小圆曲线半径。

进站道路的最小圆曲线半径应按运输大型设备相适应的车辆来确定.

(5) 进站道路的纵坡,应符合表 2.2 的规定。在工程艰巨的山岭、重丘区,四级站外道路的最大纵坡可增加 1%。但在海拔 2000 m 以上地区,不得增加;在寒冷冰冻、积雪地区,应小于 8%。

表 2.2　进站道路纵坡长度

设计速度（km/h）		纵　坡　长　度		
		40	30	20
纵坡坡度 （%）	4	1100	1100	1200
	5	900	900	1000
	6	700	700	800
	7	500	500	600
	8	300	300	400
纵坡坡度 （%）	9	—	200	300
	10	—	—	200

（6）进站道路纵坡变更处，均应设置竖曲线。竖曲线最小半径和长度应符合表 2.3 的规定。竖曲线半径应采用大于或等于表列一般最小值；当受地形条件限制时，可采用表列极限最小值。

表 2.3　竖曲线最小半径和长度

单位：m

地　　　形		平原微丘	山岭重丘
凸形竖曲线半径	极限最小值	450	100
	一般最小值	700	200
凹形竖曲线半径	极限最小值	450	100
	一般最小值	700	200
竖曲线最小长度		25	20

（7）进站道路的竖曲线与平曲线组合时，竖曲线宜包含在平曲线之内，且平曲线应略长于竖曲线。凸形竖曲线的顶部或凹形竖曲线的底部，应避免插入小半径圆曲线，或将这些顶点作为反向曲线的转向点。在长的平曲线内应避免出现几个起伏的纵坡。

进站道路宜采用与站内道路相同的路面。站区大门前的建站道路宜设为直段，直段长度应根据地形条件确定。进站道路应有良好的防洪、排水措施，当有农灌渠穿越道路时，应有加固措施。

2.3.3　站内道路

站内道路的设计要求如下：

（1）应综合考虑运行、检修及消防要求；

（2）应符合带电设备安全间距的规定；

（3）划分功能分区，并与区内主要建筑物轴线平行或垂直，宜呈环形布置；

（4）与站区竖向设计相协调，有利于场地及道路排水；

（5）与进站道路连接方便、顺捷；

（6）满足站内大件运输要求。

站内道路应结合场地排水方式选型，可采用城市型或公路型。当采用公路型时，路面宜高于场地设计标高 100 mm。在湿陷性黄土和膨胀土地区宜采用城市型。其路面可根据具体情况采用水泥混凝土或沥青混凝土路面。

当临时施工道路与站内道路永临结合时，临时施工的水泥混凝土面层厚度宜为 12～15 cm。

站内道路所采用的路拱型式宜为直线型，路拱坡度为 1.0%～2.0%。

站内主要环形消防道路路面宽度宜为 4 m。站区大门至主变压器的运输道路宽度要求如下：

（1）110 kV 变电站 4 m；

（2）220 kV 变电站 4.5 m；

（3）330 kV 及以上变电站 5.5 m。

高压电抗器运输道路宽度一般为 4 m，750 kV 及以上变电站为 4.5 m。

330 kV 及以下变电站户外配电装置内的检修道路和 500 kV 及以上变电站的相间道路宽为 3 m，1000 kV 变电站检修道路宽为 3.5 m。

站内道路的转弯半径应根据行车要求和行车组织要求确定，如图 2.4 所示，一般不应小于 7 m。主干道的转弯半径应根据通行大型平板车的技术性能确定，330 kV 及 500 kV 变电站主干道的转弯半径为 7～9 m；500 kV 及 750 kV 变电站高压电抗器运输道路转弯半径不宜小于 12 m，主变压器运输道路转弯半径不宜小于 15 m；1000 kV 高压电抗器运输道路转弯半径不宜小于 18 m，主变压器运输道路转弯半径不宜小于 25 m。

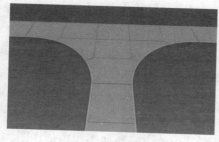
（a）T 形转角效果图

（b）L 形转角效果图

图 2.4　站内道路

接入建筑物的人行道宽度一般宜与建筑物坡道或台阶等宽,或为 1.5~2.0 m。

2.3.4　消防道路

车道的净宽度和净空高度均不应小于 4.0 m;转弯半径应满足消防车转弯的要求,不小于 9 m;消防车道与建筑之间不应设置妨碍消防车操作的树木和架空管线等;消防车道靠建筑外墙一侧的边缘距离建筑外墙不宜小于 5 m;道路外边缘距离围墙轴线 1.5 m;消防车道的坡度不宜大于 8%。

2.3.5　站内外道路基本构造

道路胀缝每 30~40 m 设置一道,在道路与建筑物连接处均需设置,接缝应平直整齐。

地基部分回填时要清除地表植被,回填土要分层压实,分层厚度不大于 0.3 m,压实系数不小于 0.94,回填土不得采用膨胀土。

站内道路在地基变化处(非地基处理场区和地基处理场区交接处,地基处理场区变化处等)应设置补强钢筋。

道路施工时必须注意对地下管线和管沟的保护,以免其被损坏。

胀缝、施工缝和自由边的面层角隅需配置角隅钢筋。道路边有侧石时,两侧均需倒半径为 30 mm 的圆角。

混凝土面层自由边缘下基础薄弱处或接缝未设传力杆的平缝时,需在面层边缘的下部配置钢筋。

道路施工方法、质量控制、检查和验收应按现行《水泥混凝土路面施工及验收规范》(GBJ 97—87)和《公路路面基层施工技术规范》(JTJ 034—2000)执行。

道路基层、底基层施工应满足以下要求:

(1) 级配碎石底基层应用 12 t 以上压路机碾压,严禁用薄层补贴法找平。

(2) 级配碎石底基层中各粒径级配应连续,砾石粒径应在 3 cm 以内。施工时应严格压实,压实指标应根据道路施工规范进行控制。

(3) 基层和底基层必须保湿养生,一般基层和底基层养生期应大于 7 天,基层未铺封层,严禁一切机动车通行(道路施工车辆除外)。

填方大于 1.0 m 处道路下自下而上用 300 mm 厚灰土、300 mm 厚级配碎石换填处理。

图 2.5 为典型郊区型、图 2.6 为典型城市型站内外道路断面图和构造详图。

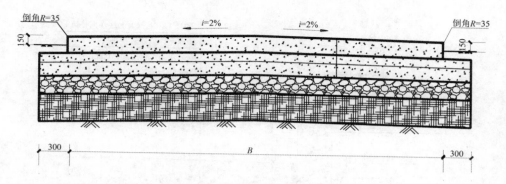

（a）郊区型双坡道断面

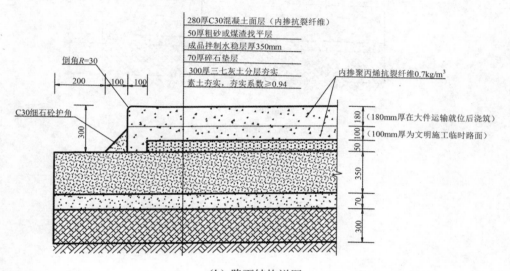

（b）路面结构详图

图 2.5　郊区型道路构造

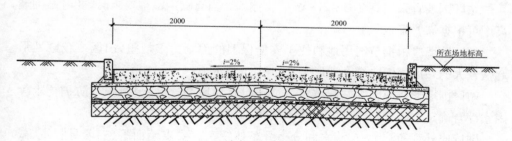

（a）城市型双坡道断面

图 2.6　城市型道路构造

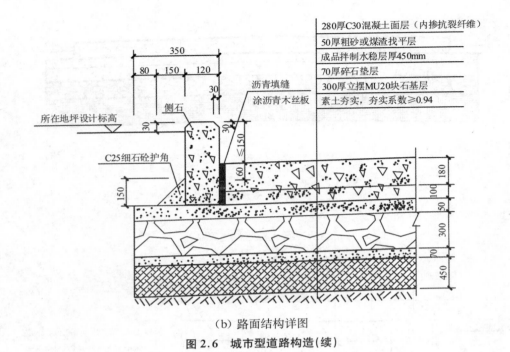

（b）路面结构详图

图 2.6 城市型道路构造（续）

2.4 围 墙

2.4.1 一般原则

站区围墙宜采用高 2.2～2.8 m 的实体墙。当有噪声治理要求时,变电站围墙高度可根据需要确定。

站区围墙应根据节约用地和便于安全保卫的原则力求规整,山区或丘陵地形起伏较大的站区围墙应结合地形布置,并注重美观。

站区围墙形式应根据站址位置、城市规划、环境、安全保卫及噪声防护要求等因素综合确定。

围墙应外观简洁大方,滴水和分格缝整体统一。要求墙面平整、墙身竖直、截面尺寸偏差小,墙顶线条顺直饱满,整体美观整洁。

2.4.2　围墙类型

1. 砌体围墙

围墙可采用大砌块实体围墙,如采用蒸压加气混凝土砌块,围墙饰面可采用清水混凝土、干黏石和真石漆等(如图2.7),围墙顶部宜设置预制压顶。大砌块推荐尺寸为600 mm(长)×300 mm(宽)×300 mm(高)或600 mm(长)×200 mm(宽)×300 mm(高)。围墙中及转角处设置构造柱,构造柱间距不宜大于3 m,采用标准钢模浇制,应采用条形基础。

图2.7　砌体围墙

2. 通透式围墙

城市规划有特殊要求的变电站可采用通透式围墙,如图2.8所示。通透式围墙铁栅栏涂刷醇酸防锈底漆两道、醇酸面漆两道防腐。整体按照3段/10 m分缝。具体颜色根据城市规划要求确定。

图2.8　通透式围墙

3. 装配式围墙

围墙宜采用装配式实体围墙,如图2.9所示,采用预制钢筋混凝土柱+预制墙板的形式。

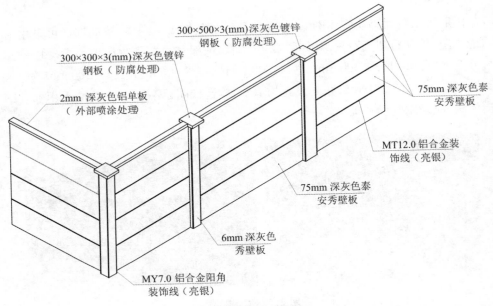

图 2.9　装配式围墙

预制钢筋混凝土柱+预制墙板形式围墙:墙体材料采用清水混凝土预制板(推荐厚度80 mm)或蒸压轻质加气混凝土板(推荐厚度100 mm);围墙柱采用预制钢筋混凝土工字柱,截面尺寸不宜小于250 mm×250 mm;围墙顶部设置预制压顶;基础采用独立基础,推荐尺寸1200 mm、1400 mm。

2.4.3　其他要求

(1) 位于市区、城镇以外的一般变电站站区围墙,宜采用不低于2.3 m高的实体围墙;

(2) 根据《电力设施治安风险等级和安全防范要求》(GA 1089—2013),1000 kV变电站以及《重要电力用户供电电源及自备应急电源配置技术规范》(GB/T 29328—2018)中规定的向特级和一级重要电力用户供电的变电站或配电站,其站区围墙(栏)高度不应低于2.5 m,并应设置防穿越功能的入侵探测装置;

(3) 当站区有景观要求时,站区围墙可采用装饰性围墙,围墙高度应满足城市规划和站区安全防护要求;

（4）站区砌体围墙应设变形缝。在围墙高度及地质条件变化处必须设置变形缝；

（5）围墙变形缝内采用橡胶泡沫板或沥青麻丝填充，表面采用硅酮耐候胶嵌缝；

（6）围墙需压顶时可采用预制压顶和现浇混凝土压顶两种形式。

2.5 大 门

变电站大门宜采用轻型铁门或电动伸缩门，无人值班变电站宜设实体大门，如图 2.10、图 2.11 所示。

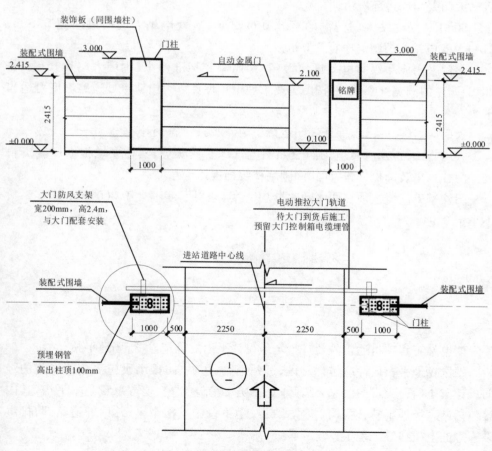

图 2.10 大门立面及平面布置图

图 2.11　站区大门实例

实体门门板厚实平整、色泽均匀、无明显凹凸斑纹,焊接处焊缝锉平磨光。大门运行稳定、顺畅、安静。进站大门应在工厂加工、采购成品,禁止现场加工,并要求由专业技术人员进行安装调试。所有进站大门选型应简洁大方,城市变电站的进站大门要与周边环境协调。

500 kV 变电站大门门洞净宽 6.0 m;220 kV 变电站大门门洞净宽 5.5 m;110 kV变电站大门门洞净宽 5.0 m。

大门采用成品双向电动推拉大门,参照国家标准图集《围墙大门》(15J001—2016)调整门洞宽度参数,并按图集要求埋设预埋件。大门轨道处道路坡度可适当平缓。

大门应装缓冲装置,保证大门运行稳定、顺畅、安静、不打颤。

大门施工时,须注意电动门及照明电气埋管的预埋,具体要求根据厂家资料定。门柱采用装饰板外包,样式同围墙柱装饰板。

门柱基础回填土须在两侧同时分层夯实,分层厚度不大于 300 mm,压实系数不小于0.94。

2.6　土　　方

变电站工程项目通常先要进行场地设计平面的确定,进行场地平整。

站区场地平整设计应考虑站区、进站道路、边坡、防排洪设施等相关设施的竖向设计及土(石)方量的关系,站区土(石)方量宜达到挖、填方总量基本平衡,其内容包括站区场地平整、建(构)筑物基础及地下设施基槽余土、站内外道路、防排洪设施等的土(石)方工程量。

当进站道路较长时,应首先考虑自身的土方平衡,尽量避免和减少土方的二次倒运。

当站区土(石)方量受条件限制不能平衡时,应选择合理的弃土或取土场地,明确弃土或取土数量、运输距离和其他弃(取)土要求,并应考虑复土还田的可能性。

当站区出现土方和石方时,应根据《岩土工程勘察报告》分别计列并列出土石比例。

站区场地平整地表土处理应符合下列要求:

(1)站区场地表土为耕植土或淤泥,有机质含量大于 5% 时,必须先挖除后再进行回填。该层地表土宜集中堆放,覆盖于站区地表用作绿化或覆土造田,可计入土方工程量。

(2)当填方区地表土土质较好,有机质含量小于 5% 时,应将地表土碾压(夯)密实后再进行回填。

场地平整填料的质量应符合有关规范要求,填方应分层碾压密实,分层厚度宜为 250～300 mm,压实系数不应小于 0.94。当填土作为建筑地基时,应满足建筑地基填土密实度要求,依据结构类型和填土部位,密实度在 0.95～0.97 范围。

湿陷性黄土(膨胀土)场地,在建筑物周围 6 m 内应平整场地,当为填方时,应分层夯(或压)实,其压实系数不得小于 0.95;当为挖方时,在自重湿陷性黄土场地,表面夯(或压)实后宜设置 150～300 mm 厚的灰土面层,其压实系数不得小于 0.95。

大面积场地平整应首先正确选择设计标高。设计标高是进行场地平整和土方量计算的依据。在采用方格网法来计算并确定场地的设计标高时,先将施工场地划分为边长为 a 的若干个方格(如图 2.12),再将方格网中的每一个角点作为计算控制点进行标号并标注高程。a 通常为 10～50 m,具体应结合场地特点与求解精度综合确定,高低起伏较大的场地可选用较小边长(如 10 m),地势平坦的场地可适当放大网格边长(如 40 m),边长越小,计算结果越精确。标高可以实际现场测量得到或在地形图上利用等高线插值求得。这样就将连续的地面离散化成为方格网,其相邻两个控制点(即小方格角点)之间的高程可以近似认为是线性变化的。场地设计标高可按下式计算:

$$H_0 = \frac{\sum\limits_{i=1}^{N}(H_{i1} + H_{i2} + H_{i3} + H_{i4})}{4N} \tag{2.1}$$

式中,H_0 为计算场地的设计标高,单位 m;a 为方格边长,单位 m;N 为方格数;H_{i1},H_{i2},H_{i3},H_{i3} 为一个方格各角点的原地形标高,单位 m。

对于相邻方格有公共角点的情况,在计算时,其角点标高的使用次数不同,设计标高可采用简化公式计算:

$$H_0 = \frac{\sum_{i=1}^{N}(H_1 + 2H_2 + 3H_3 + 4H_4)}{4N} \tag{2.2}$$

式中，H_1 为 1 个方格所独有的角点标高，单位 m；H_2 为 2 个方格所独有的角点标高，单位 m；H_3 为 3 个方格所独有的角点标高，单位 m；H_4 为 4 个方格所独有的角点标高，单位 m。

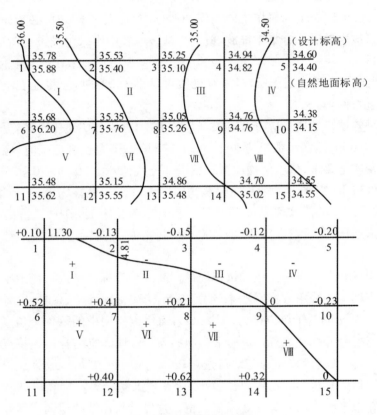

图 2.12　网格划分实例

基坑土方量通常可按棱柱体体积的公式进行计算，即

$$V = \frac{H}{6}(F_1 + 4F_0 + F_2) \tag{2.3}$$

式中，V 为土方量；F_0 为 F_1 与 F_2 之间的中截面面积，单位 m^2；H 为基坑深度时，F_1、F_2 分别为基坑的上、下底面面积，单位 m^2；H 为基槽长度时，F_1、F_2 为两端的面积，单位 m^2。

场地平整土方量计算时，需利用原方格网求得控制角点实际调整后的最终设计标高与其自然地面标高的差值，挖方为"－"，填方为"＋"，算出相应角点的施工高度(即此角点的土方填、挖高度)。然后计算每个方格的土方量,并计算出场地边坡的土方量。这样将各个方格的挖、填土方量分别累计,即可求得整个场地的挖、填土方总量。方格网的划分及土方计算可采用土方计算软件(FastTFT)进行,如图 2.13 所示。

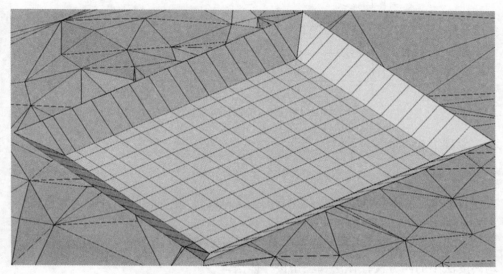

图 2.13　FastTFT 软件中方格网法计算土方量

首先,求出方格网各个控制角点的施工高度:

$$h_n = H'_n - H_n \tag{2.4}$$

式中,h_n 为角点的施工高度,即挖、填高度,挖方为"$-$",填方为"$+$";H'_n 为角点的最终设计标高,无泄水坡度时,即为场地的计算设计标高 H_0;H_n 为角点的自然地面标高,也就是地形图上各方格角点的实际标高,可按地形图用插入法求得,当地面坡度变化较大时,宜现场用经纬仪测出。

如前所述,我们采用离散化的方格网来模拟实际的连续地面,相邻控制角点之间被认为是线性连续的,所以当一个方格中一部分角点的施工高度为"$+$",而另一部分为"$-$"时,说明此方格中的土方一部分为填方,而另一部分为挖方。此时必定存在不挖不填的点:这样的点叫作零点。可以通过线性插值的方法求出每个方格边界线上的零点,把各个方格中所有相邻的零点连接起来,形成的这条线就叫作零线,即由所有理论计算上不挖不填的点组成的挖方与填方的分界线,如图 2.14 所示。

由图 2.14 可得

$$\frac{x}{h_1} = \frac{a - x}{h_2} \tag{2.5}$$

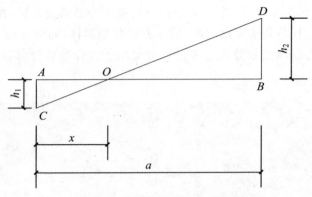

图 2.14 零点位置计算示意图

整理上式,得

$$x = \frac{ah_1}{h_1 + h_2} \tag{2.6}$$

式中,h_1,h_2 为相邻两角点填方、挖方的施工高度(以绝对值代入);a 为方格边长;x 为零点到角点 A 的距离。

零线确定后,即可进行场地土方量计算。计算方格网中的土方量时常采用平均高度法中的四方棱柱体法和三角棱柱体法。

1. 四方棱柱体法

用四方棱柱体法计算时,可将一个方格视为一个四方棱柱体。根据方格角点的施工高度,将其划分为两种计算类型。

(1) 当方格四个角点全部为挖方或填方时,如图 2.15 所示,其挖方或填方体积为

$$V = \frac{a^2}{4}(h_1 + h_2 + h_3 + h_4) = \frac{a^2}{4}\sum h \tag{2.7}$$

式中,h_1,h_2,h_3,h_4 为方格四个角点挖方或填方的施工高度,以绝对值代入,单位 m;V 为挖方或填方的体积。

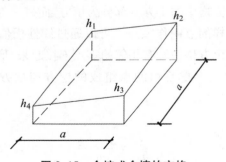

图 2.15 全挖或全填的方格

（2）当方格四个角点为部分挖方、部分填方（两挖两填、三填一挖或三挖一填）时，如图2.16所示，其挖方或填方体积为

$$V_{挖} = \frac{a^2}{4} \cdot \frac{(\sum h_{挖})^2}{\sum h} \tag{2.8}$$

$$V_{填} = \frac{a^2}{4} \cdot \frac{(\sum h_{填})^2}{\sum h} \tag{2.9}$$

式中，$\sum h_{挖}$，$\sum h_{填}$ 为方格挖方、填方角点的施工高度，以绝对值代入，单位 m；$V_{挖}$，$V_{填}$ 为挖方和填方的体积。

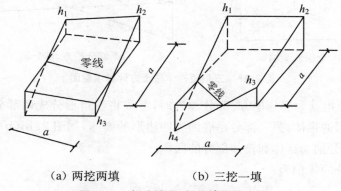

（a）两挖两填　　　　　　（b）三挖一填

图 2.16　部分挖方、部分填方的方格

2. 三角棱柱体法

用三角棱柱体法计算时，首先将方格网各个方格划分成若干个三角形，为减小计算工作量，提高计算精度，宜顺地形等高线划分（图2.17），然后同样根据方格角点的施工高度将三角棱柱体划分为两种计算类型。

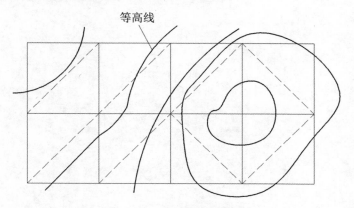

图 2.17　三角形划分示意图

（1）三个角点全部为挖方或填方时，如图 2.18（a）所示，其挖方或填方体积为

$$V = \frac{a^2}{6}(h_1 + h_2 + h_3) \tag{2.10}$$

式中，a 为方格的边长（m）；h_1，h_2，h_3 为三角形各角点的施工高度，用绝对值代入，单位 m。

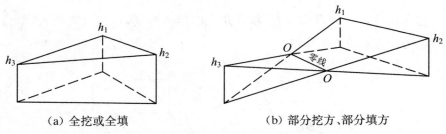

（a）全挖或全填 　　　　　　（b）部分挖方、部分填方

图 2.18　三角棱柱体法土方计算示意图

（2）三个角点为部分挖方、部分填方时，零线将三角形分成两部分：一部分是底面为三角形的锥体，另一部分是底面为四边形的楔体，如图 2.18（b）所示。其挖方、填方体积分别为锥体和楔体部分的面积。

锥体部分的体积为

$$V_{锥} = \frac{a^2}{6} \cdot \frac{h_3^3}{(h_1 + h_3)(h_2 + h_3)} \tag{2.11}$$

楔体部分的体积为

$$V_{楔} = \frac{a^2}{6} \cdot \left[\frac{h_3^3}{(h_1 + h_3)(h_2 + h_3)} - h_3 + h_2 + h_1 \right] \tag{2.12}$$

第 3 章　变电站建筑物钢结构设计

3.1　引　　言

变电站建筑物结构体系主要为框架结构体系,由梁、柱通过刚性节点连接而成,它包括楼盖平面内的梁格系统和竖直平面内的平面刚接框架系统。装配式变电站采用框架结构体系的最大优点是建筑平面布置灵活,能适用于各类性质的建筑,可按需布置成大小不一的房间,同时其还具有结构自重较轻、建筑立面易处理、造价较低等多方面的优点。

变电站框架结构主要承受的作用包括竖向荷载、水平荷载和地震作用。竖向荷载包括结构自重及楼(屋)面活荷载,一般为均布荷载和集中荷载;水平荷载主要为风荷载;地震作用主要是水平地震作用。不同荷载按作用类别分别计算荷载所产生的作用效应,求得其最不利效应,依次进行内力分析、位移验算,进行梁、柱和节点等设计。

变电站建筑物的钢框架主次梁应优先选用窄翼缘热轧型钢,初选截面可参考简支梁的要求进行调整,梁截面高度一般取跨度 L 的 $1/20 \sim 1/12$,梁翼缘宽度取梁高的 $1/6 \sim 1/2$;钢框架柱选用矩形/方形钢管或宽翼缘热轧型钢,以保证弱轴方向的抗弯能力,柱截面按长细比预估,通常 $50 < \lambda < 150$,较多选择在 80 左右。

3.2　变电站建筑物钢结构工程实例

拟建安徽合肥某 220 kV 变电站新建工程,本站属无人值班全户内 GIS 变电站,变电站建筑物有配电装置楼、警卫室及消防泵房雨淋阀室联合建筑,总建筑面积为 6268 m²。

配电装置楼为地上两层、地下一层建筑,地下部分采用钢筋混凝土结构,地上部分采用钢框架结构,建筑布置长度为 70.00 m,宽度为 37.00 m,占地面积为 2782 m²,建筑面积为 6116 m²,层高为一层 5.40 m、二层 5.40 m,建筑耐火等级为一级,要求一次建成。

变电站配电装置楼
建筑和结构设计图

设计条件如下:

(1) 地震设防要求:该地区地震动峰值加速度为 0.10 g,反应谱特征周期为 0.35 s,地震基本烈度为 7 度,设计地震分组为第一组,场地类别为 Ⅱ 类。

(2) 气象资料:基本风压为 0.35 kN/m²,主导风向如下:① 夏季(6~8 月):主导风向 S,风向频率 15%;② 冬季(12、1、2 月):主导风向 NW,风向频率 12%;③ 全年:主导风向 SE,风向频率 11%。50 年一遇基本雪压值 0.55 kN/m²。

3.3 变电站建筑物钢结构电算设计

PKPM 是我国目前建筑物结构工程设计中最常用的软件之一。本节介绍使用 PKPM 进行变电站建筑物钢结构电算结构设计并生成结构设计电算书的过程。

(1) 右键单击打开工作目录,选择工作路径,点击应用。新建工程,输入 pm 工程名"合肥某 220 kV 变电站新建工程",点击确定。

(2) 点击【轴线网点】—【正交轴网】,分别在【下开间】和【左进深】输入"3000 * 2,5000 * 2,7000,5500 * 4,7000,5500 * 2,7000 和 7500 * 2,6500,3000,6250 * 2"(注意:逗号为英文符号),点击确定,将轴网放置在界面中。点击【轴线命名】,将轴线按图纸命名,如图 3.1～图 3.3 所示。

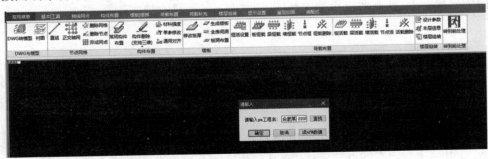

图 3.1 工程名输入

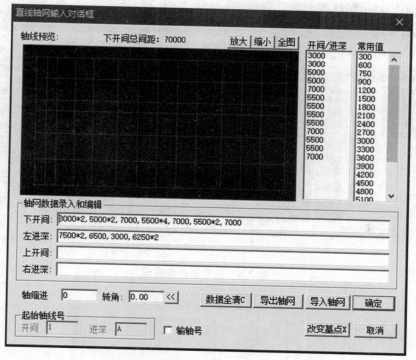

图 3.2　轴网输入

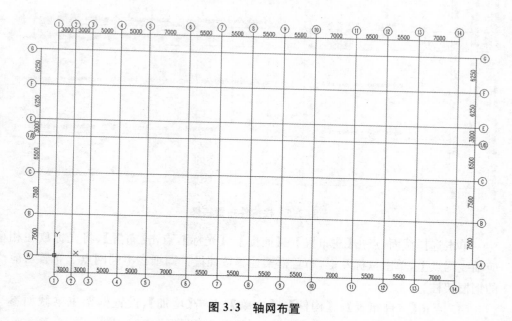

图 3.3　轴网布置

（3）点击【构件布置】—【构件】—【柱】,点击【增加】,设置框架柱截面参数,依次添加不同钢框架柱的截面参数,如图3.4～图3.5所示。

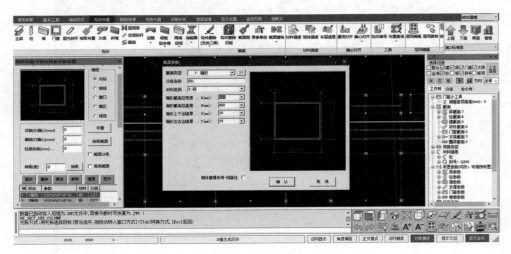

图 3.4　柱截面参数设置

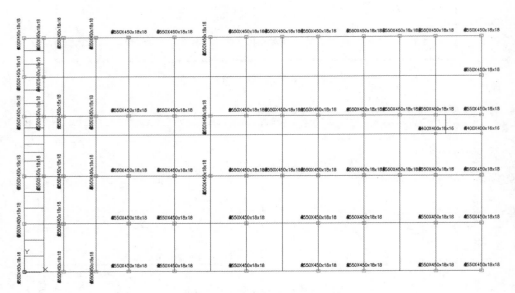

图 3.5　柱构件布置结果

单击选择截面,点击【柱布置】—【捕捉】—【光标】,点击【布置】,将光标放在相应轴线网点上,单击鼠标左键,布置框架柱。按照设计图纸在不同网点上布置对应的钢框架柱。

(4) 点击【构件布置】—【构件】—【主梁】,点击【增加】,设置框架主梁截面参数,依次添加不同钢框架主梁的截面参数,如图3.6所示。

单击选择截面,点击【梁布置】—【捕捉】—【光标】,点击【布置】,将光标放在相应轴线网点上,单击鼠标左键,布置框架主梁。按照设计图纸在不同网点上布置对应的钢框架主梁。

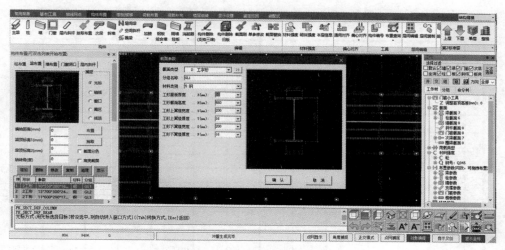

图 3.6　主梁截面参数设置

(5) 点击【轴线网点】—【网格节点】—【直线】,显示捕捉参数对话框,点击长度,输入 2050,鼠标单击纵轴①,在横轴 G 位置点向下量取 2050 长度,并向轴线②画一条直线,单击鼠标右键确定,单击鼠标左键,即可生成直线,如图 3.7 所示。

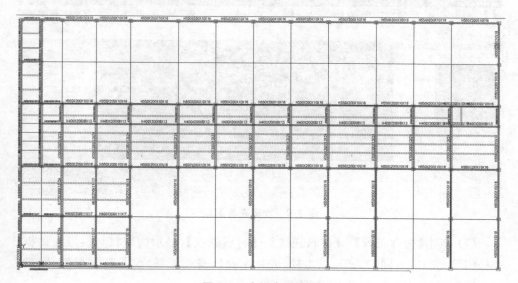

图 3.7　主梁布置结果

同理,按照图纸的次梁位置,量取并绘制各轴线之间的直线。

(6) 点击【构件布置】—【构件】—【次梁】,单击选择截面,点击【次梁】—【布置】,鼠标左键依次单击次梁两端对应的轴线网点上,布置框架次梁。按照设计图纸在不同网点上布置对应的钢框架次梁,如图3.8~图3.9所示。

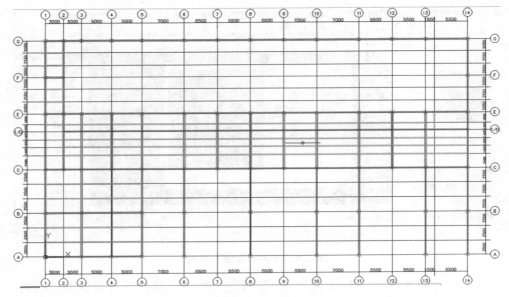

图 3.8　次梁轴线

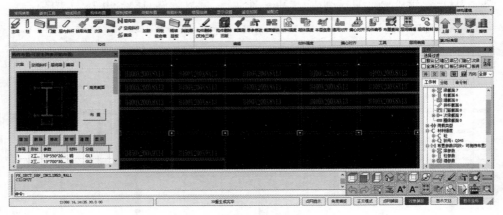

图 3.9　次梁布置结果

　　(7) 点击【构件布置】—【材料强度】—【材料强度】,显示构件材料设置对话框,选择钢号 Q345(等同 Q355),单击柱,光标选择所有框架柱,赋予材料属性;同理,赋予所有梁材料属性,如图3.10所示。

　　(8) 点击【构件布置】—【材料强度】—【本层信息】,显示本标准层信息对话框,输入板厚130,板混凝土强度等级30,板钢筋保护层厚度15。由于本案例为钢框架结构，剩余参数不作修改，如图 3.11 所示。

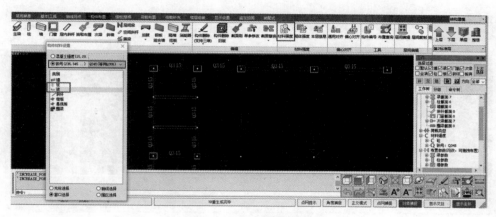

图 3.10　材料强度设置

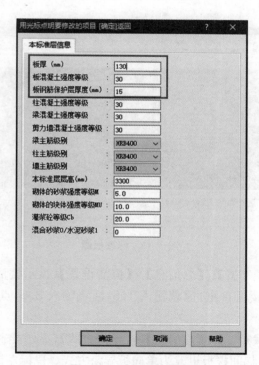

图 3.11　本层信息设置

（9）点击【楼板/楼梯】—【楼板】—【生成楼板】，PKPM 会在轴线间自动生成楼板，如图 3.12 所示。

点击【楼板/楼梯】—【楼板】—【修改板厚】，显示修改板厚对话框，输入板厚 0，鼠标左键单击对应区域，将该处板厚修改为 0，依据设计图纸，若修改板厚，其中楼梯间板厚也应修改为 0,如图 3.13 所示。

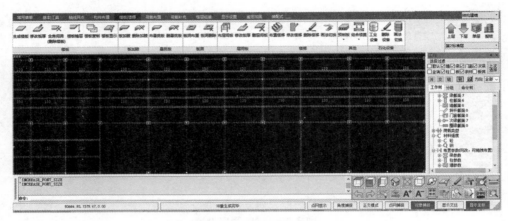

图 3.12　生成楼板结果

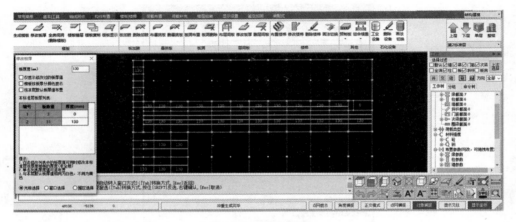

图 3.13　修改板厚

(10) 点击【荷载布置】—【总信息】—【恒活设置】,显示楼面荷载定义对话框,勾选自动计算现浇楼板自重,恒载输入 1.5,活载输入 3.5,点击确定,如图 3.14 所示。

(11) 点击【荷载布置】—【总信息】—【导荷方式】,显示导荷方式对话框,点击对边传导选项,将楼梯间楼板更改为单向板导荷方式。鼠标左键单击楼梯间楼板,再左键单击楼梯间受力边上的一根梁,如图 3.15 所示。

(12) 点击【荷载布置】—【恒载】—【板】,显示各楼板恒载为 $1.5\ kN/m^2$,单击鼠标右键确定,如图 3.16 所示。

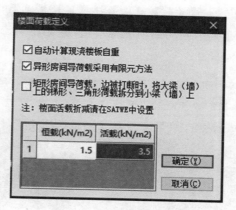

图 3.14　楼面荷载布置

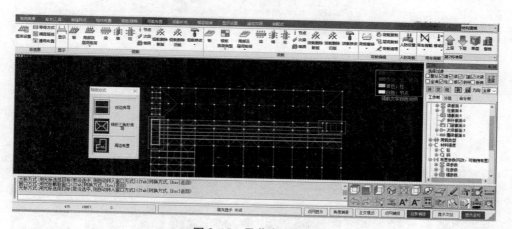

图 3.15　导荷方式布置

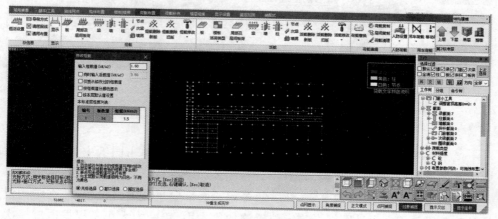

图 3.16　板恒载布置

（13）点击【荷载布置】—【活载】—【板】，显示各楼板活载为 3.5 kN/m²，根据设计要求，更改不同建筑布置房间的活荷载标准值，如 GIS 活载标准值为 10 kN/m² 等，单击鼠标右键确定，如图 3.17 所示。

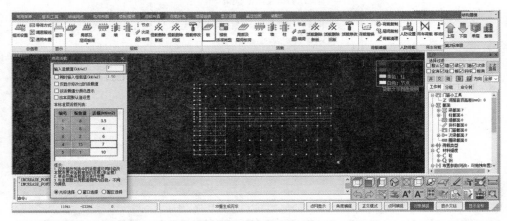

图 3.17 板活载布置

（14）点击【荷载布置】—【恒载】—【梁】，在【梁：恒载布置】对话框内增加梁上的外墙和内墙恒荷载。依据设计图纸，分别计算墙的荷载＝墙的容重×厚度×墙净高，外墙为 2.46 kN/m，内墙为 2.92 kN/m，如图 3.18 所示。

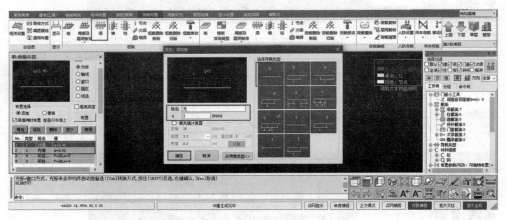

图 3.18 梁恒载布置

单击选择荷载，点击【光标】—【布置】，鼠标左键依次单击图纸中建筑外墙/内墙位置的框架梁，布置墙荷载，如图 3.19～图 3.20 所示。

（15）由于变电站的 GIS 室、开关室等钢梁底部要吊挂电气设备，故在结构设计计算阶段需根据设计图纸在指定位置施加集中力，集中力大小是根据电气一次提资确定的。本工程每个挂点集中力为 20 kN。

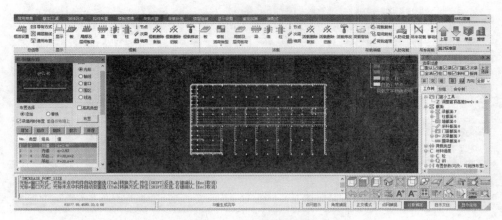

图 3.19　外墙荷载布置

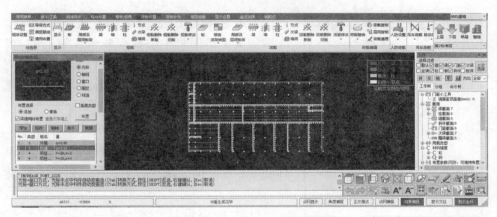

图 3.20　内墙荷载布置

点击【荷载布置】—【恒载】—【梁】，在【梁：恒载布置】对话框内增加 GIS 室、开关室上的吊挂集中荷载，如图 3.21 所示。

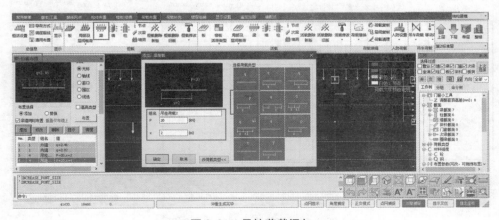

图 3.21　吊挂荷载添加

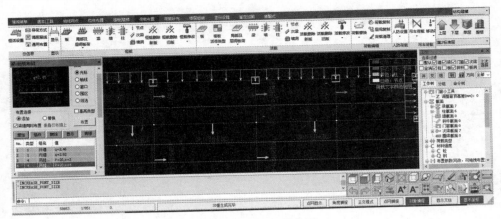

图 3.22　吊挂荷载布置

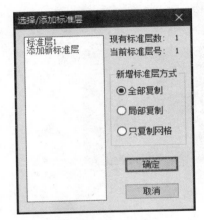

图 3.23　添加标准层

单击选择荷载,点击【光标】—【布置】,鼠标左键依次单击图纸中吊挂荷载所在的钢梁,布置集中荷载。若吊挂荷载的位置距离梁端不一致,可根据图纸要求另外重新建立集中荷载,并更改荷载中的 x 值,如图 3.22 所示。

至此,1 层标准层模型建立完成。

（16）点击【楼层组装】—【楼层管理】—【加标准层】,复制标准层作为第二层。点击全部复制,点击确定,如图 3.23~图 3.27 所示。

（17）按照设计图纸将每一层的模型按（3）~（15）的步骤进行修改。

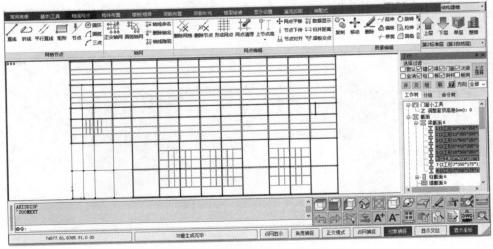

图 3.24　新标准层构件布置结果

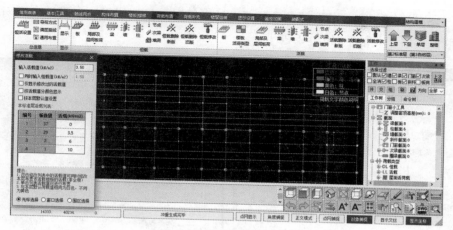

图 3.25　板活载布置结果

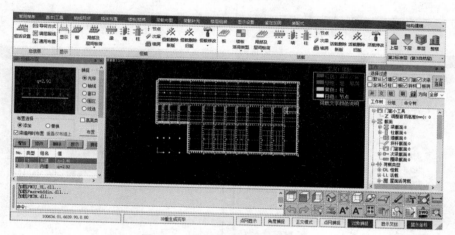

图 3.26　梁和外墙恒载布置结果

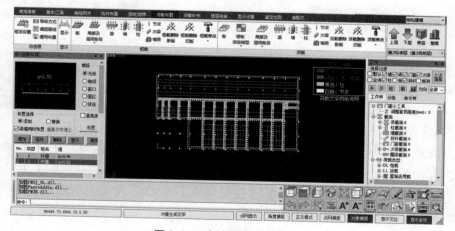

图 3.27　内墙恒载布置结果

(18) 点击【楼层组装】—【信息】—【设计参数】，显示楼层组装—设计参数对话框，修改楼层相关信息，如图 3.28 所示。

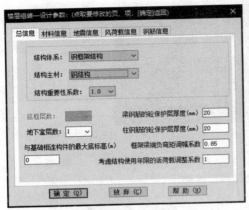

（a）总信息设置

（b）材料信息设置

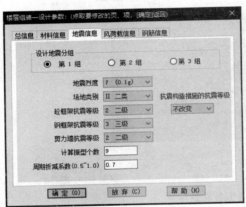

（c）地震信息设置

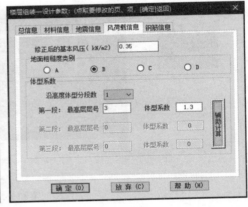

（d）风荷载信息设置

图 3.28　楼层组装设计参数

(19) 点击【楼层组装】—【楼层组装】—【楼层组装】，输入每层层高和层名，添加到组装结果中，如图 3.29 所示。

(20) 点击【楼层组装】—【楼层组装】—【整楼模型】，点击分层组装，输入起始层号和终止层号，点击确定，即显示整楼模型，如图 3.30～图 3.31 所示。

(21) 点击【基本工具】—【转到前处理】，存盘退出后，勾选所有后续操作，点击确定，如图 3.32 所示。

(22) 点击【设计模型前处理】—【参数定义】，更改定义相关参数，如图 3.33 所示。

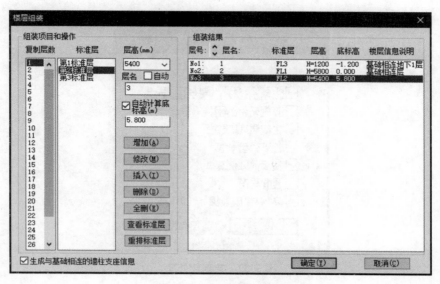

图 3.29　各楼层信息设置

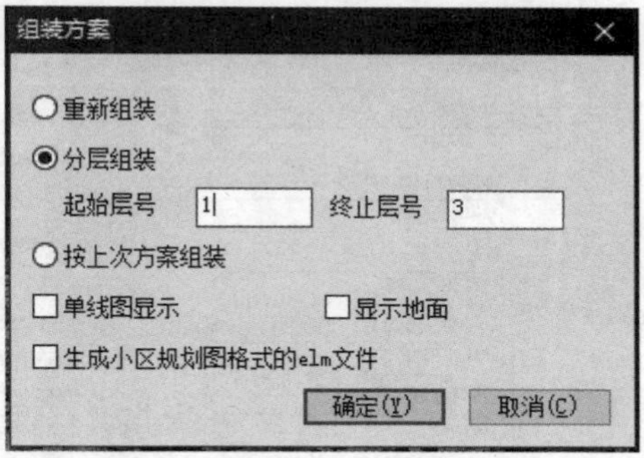

图 3.30　组装方案设置

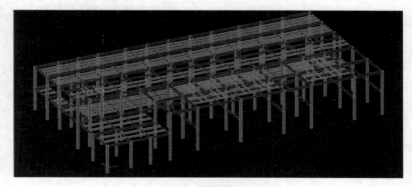

图 3.31　楼层组装结果

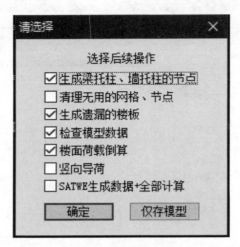

图 3.32　转到前处理

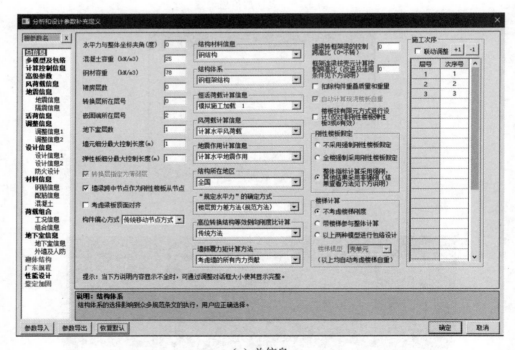

（a）总信息

图 3.33　参数定义设置

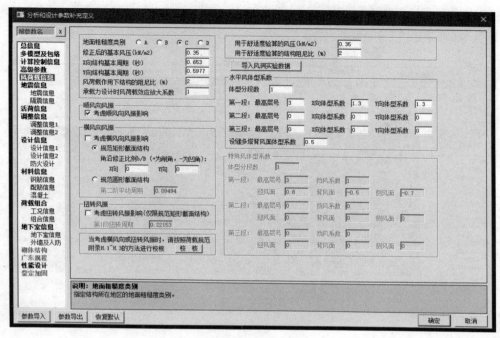

(b) 风荷载信息

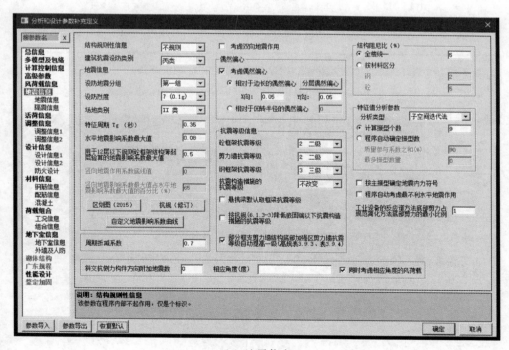

(c) 地震信息

图 3.33 参数定义设置(续)

（23）点击【设计模型前处理】—【特殊柱】，点击角柱，定义模型每一层角柱，如图 3.34 所示。

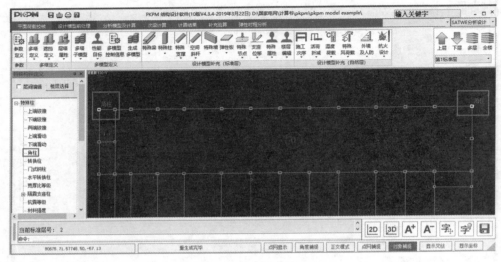

图 3.34　选择角柱

（24）点击【设计模型前处理】—【特殊梁】，点击自动生成中的【钢次梁本层铰接】，设置模型的每一层次梁两端铰接，如图 3.35 所示。

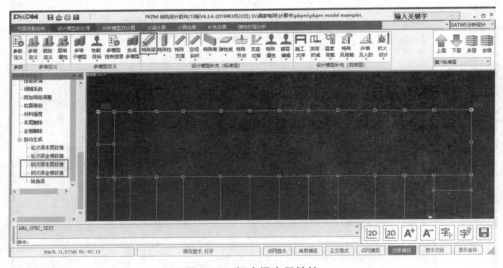

图 3.35　钢次梁本层铰接

（25）点击【模型分析及计算】—【分析计算】—【生成数据＋全部计算】。

（26）点击【计算结果】—【文本查看】，查看结构周期及振型方向，将 X、Y 方向的周期反代回(22)中参数定义的风荷载信息,重新计算,如图 3.36 所示。

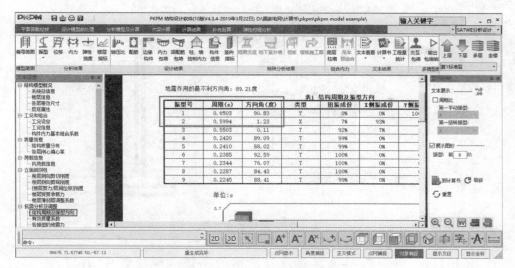

图 3.36　计算结果

(27) 点击【计算结果】,查看相应计算结果。

(28) 点击【计算结果】—【文本结果】—【生成计算书】,生成结构设计计算书。

3.4　变电站建筑物钢结构特殊节点设计

3.4.1　梁柱节点

由 3.2 节设计资料知:4-C 轴线中间梁柱节点处,柱截面尺寸:450×550×18×18;4 轴线处 CE 跨,梁截面尺寸:700×300×13×24;梁柱连接处腹板与翼缘螺栓均采用 10.9 级的 M20 高强度螺栓摩擦型双剪连接,腹板连接板为 2 块厚度为 16 mm 的钢板,翼缘上连接板厚度为 14 mm,下连接板厚度为 16 mm。连接详图如图 3.37 所示。其中,钢材强度均为 Q355B。由 3.3 节计算分析可知 4-C 轴线处节点所受弯矩 $M = 265.5$ kN·m,剪力 $V = 122.9$ kN。

设计采用常用的简化设计法,弯矩全部由翼缘承担,剪力全部由腹板承担。

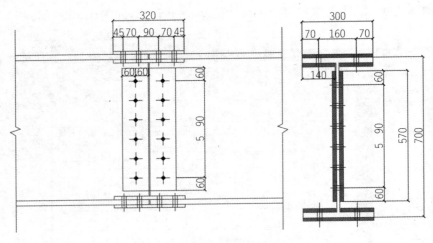

图 3.37 梁柱连接详图

3.4.1.1 计算梁单侧翼缘连接所需的高强度螺栓数目 n_{Fb}

$$n_{\text{Fb}} = \frac{M_x}{h_0^b N_v^{\text{bH}}} \tag{3.1}$$

一个摩擦型高强度螺栓的抗剪承载力设计值 N_v^{bH} 根据《钢结构连接节点设计手册》,当采用双剪连接且构件在连接处接触面的处理方法为喷砂时,取

$$N_v^{\text{bH}} = 153.5 \text{ kN}$$

其中

$$h_0^b = h_0 - t_f = (700 - 24) \text{ mm} = 676 \text{ mm} = 0.676 \text{ m}$$

$$M_x = 265.5 \text{ kN} \cdot \text{m}$$

代入(3.1)即可求得

$$n_{\text{Fb}} = 2.56(\text{个}) \rightarrow 采用 4 \text{个}$$

3.4.1.2 计算梁腹板连接所需的高强度螺栓数目 n_{Wb}

$$n_{\text{Wb1}} = \frac{V}{N_v^{\text{bH}}} \tag{3.2}$$

$$n_{\text{Wb2}} = \frac{A_{\text{nW}}^b f_v}{2 N_v^{\text{bH}}} \tag{3.3}$$

其中

$$V = 1.229 \times 10^5 \text{ N}$$

$$f_v = 180 \text{ N/ mm}^2$$

梁腹板扣除高强螺栓孔后的净截面面积:

$$A_{\text{nW}}^b = (700 - 2 \times 24) \times 13 \times 0.85 = 7204.6 \text{ (mm}^2)$$

根据 3.4.1.1 可知

$$N_v^{bH} = 153.5 \text{ kN}$$

代入(3.2)即可求得

$$n_{Wb1} = 0.8 \text{个}$$

代入(3.3)即可求得

$$n_{Wb2} = 4.2(\text{个}) \rightarrow \text{考虑拼接的刚性,采用 6 个。}$$

3.4.1.3　根据《钢结构连接节点设计手册》表 9-86 得到连接板构造要求

(1)翼缘连接板尺寸

翼缘单侧连接板端距 45 mm,边距 70 mm,中距 70(160) mm(括弧内为垂直于梁方向的中距)。

综上,翼缘上连接板尺寸为 320 mm×300 mm;

翼缘下连接板尺寸为 320 mm×140 mm。

(2)腹板连接板尺寸

腹板单侧连接板端距 60 mm,边距 60 mm,中距 90 mm。

综上,腹板连接板尺寸为 570 mm×240 mm。

3.4.1.4　梁的强度校核

根据 3.4.1.1 和 3.4.1.2 计算得:

弯矩设计值:

$$M_U^j = n_{Fb} N_v^{bH} h_0^b = 4 \times 153.5 \times 0.676 \text{ kN} \cdot \text{m} = 415.064 \text{ kN} \cdot \text{m}$$
$$> M = 265.5 \text{ kN} \cdot \text{m}$$

抗弯承载力满足要求。

剪力设计值:

$$V_U^j = n_{Wb} N_v^{bH} = 6 \times 153.5 = 921 \text{ kN} > V = 122.9 \text{ kN}$$

抗剪承载力满足要求。

3.4.2　柱脚

变电站户内站多采用外包式柱脚形式,本小节验算外包式柱脚分别在轴力、弯矩和剪力作用下的承载力。依据 3.2 节设计资料,该外包式柱脚的尺寸为 1150 mm×1050 mm,中心钢柱为 450 mm×550 mm,底板的尺寸为 670 mm×770 mm,底板配置 4 个锚栓将钢柱与基础固定,如图 3.38 所示。本柱脚外包的混凝土材料选择

C30,钢材均采用 Q355 钢。考虑到柱脚底板下的混凝土基础的反力可能较大,故在钢柱脚的四周设置加劲肋予以加强,可以有效避免底板过厚。加劲肋采用立焊的方式,其焊缝为角焊缝。

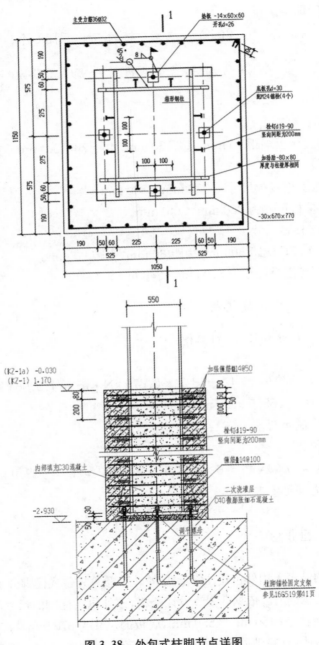

图 3.38 外包式柱脚节点详图

3.4.2.1　轴力作用下的承载力验算

（1）验算底板的尺寸

已知最大轴力为：$N = 1052.9$ kN

底板净面积为：$A_n = A - A_0$

已知底板尺寸为：670 mm×770 mm

锚栓栓孔面积为：$A_0 = 2×\pi×13^2 + 2×\pi×15^2 = 2475.58$（mm^2）

可得：$A_n = 513424.42$ mm^2

则底板压应力为：$\sigma = N/A_n = 2.05$ MPa≤$f_c = 14.3$ MPa

故底板尺寸符合要求。

（2）验算底板的厚度

已知底板所承受压应力为：$\sigma = 2.05$ MPa.则 $q = \sigma = 2.05$ MPa

三边支承部分：$\beta = 0.2 < 0.3$.故按悬臂板计算，$b_1 = 110$ mm.

可得 $M_1 = (qb_1^2)/2 = 12.4$ kN·mm

二相邻边支承部分：$\beta = 0.111, a_1 = 110\sqrt{2}$ mm

可得 $M_2 = \beta q a_1^2 = 5.51$ kN·mm

四边支承部分：$\beta = 0.063, a_2 = 450$ mm

可得 $M_3 = \beta q a^2 = 26.15$ kN·mm

则 $M = \max\{M_1, M_2, M_3\} = 26.15$ kN·mm

故底板厚度为：$t = \sqrt{6M/f} = 21$ mm$<$30 mm

故底板厚度满足要求。

（3）验算加劲肋焊缝

查表可得对接焊缝的抗拉、抗剪强度分别为：$f_t^w = 185$ MPa, $f_v^w = 125$ MPa

横向加劲肋焊缝内力：$V = 1/2×q×h_0×2 = 126.28$ kN

$$q_1 = \sigma × l_1 = 1578.5 \text{ N·mm}$$

$$M = 2/3 × V × h_0 = 6734.93 \text{ kN·mm}$$

焊缝计算截面的几何特征值计算：$W_w = 1/6×b×h_0^2 = 42666.67$ mm^2

$$A_w = 40×80 = 3200 \text{ mm}^2$$

焊缝压应力计算及强度校核：

$$\sigma_{max} = M/W_w = 157.85 \text{ MPa} < f_t^w = 185 \text{ MPa}$$

$$\tau_{max} = V/A_w = 39.4 \text{ MPa} < f_v^w = 125 \text{ MPa}$$

$$\sigma_1 = \sigma_{max} = 157.85 \text{ MPa}$$

$$\tau_1 = \tau_{max} = 39.4 \text{ MPa}$$

$$\sigma_{eq} = \sqrt{\sigma_1^2 + 3\tau_1^2} = 171.97\,\mathrm{MPa} < 1.1 f_t^w = 203.5\,\mathrm{MPa}$$

纵向加劲肋焊缝验算同上,经验算均满足强度要求。

3.4.2.2　在弯矩作用下的试件验算

钢柱外包混凝土的受拉钢筋的抗弯承载力为

$$M_1 = 0.9 A_s f h_0 = 2.5 \times 10^6\,\mathrm{kN \cdot mm}$$

式中,A_s 为外包混凝土受拉侧钢筋截面面积,取为 8042 $\mathrm{mm^2}$;f 为受拉钢筋抗拉强度设计值,取为 360 MPa;h_0 为受拉钢筋合力点到受压区边缘的距离,取为 960 mm。

计算钢柱脚底板的受弯承载力:

底板受拉侧锚栓提供的受拉承载力为 $f_y A_s = 188.48\,\mathrm{kN}$,则底板锚栓受拉合力点到底板受压区边缘的距离为 $h_0 = 720\,\mathrm{mm}$,故底板的抗弯承载力为

$$M_2 = f_y A_s h_0 = 135.71\,\mathrm{kN \cdot mm}$$

综上,在弯矩作用下,试件的抗弯承载力为

$$M = M_1 + M_2 = 2500135\,\mathrm{kN \cdot mm}$$

而试件产生的最大弯矩值 $M_0 = 265.5\,\mathrm{kN \cdot mm} < M$,所以符合要求。

3.4.2.3　试件的抗剪验算

试件的抗剪承载力为

$$V = b_c h_0 (0.7 f_{tk} + 0.5 f_{yvk} \rho_{sh})$$

式中,b_c 为外包混凝土的有效宽度,取为 600 mm;h_0 为受拉钢筋合力点到受压区边缘的距离,取为 960 mm;f_{tk} 为受拉钢筋和箍筋的抗拉强度标准值;f_{yvk} 取为 400 MPa

水平箍筋的配筋率 $\rho_{sh} = 1.2\%$。

故试件的抗剪承载力

$$V = 162662.4\,\mathrm{kN}$$

试件产生的最大剪力为

$$V_0 = 122.9\,\mathrm{kN} < V,$$

故符合要求。

3.4.3　墙梁(墙檩)设计

选取 1-2 轴线跨度,A 轴线的墙面进行举例计算,如图 3.39 所示。基本参数如下:跨度为 6.0 m,选取 2 层进行墙梁设计,2 层 y 向风荷载为 196.1 kN,层高为

5.8m,竖向每间隔 1.5m 布置一根墙梁,共布置 3 根,取中间一根进行截面设计。
外墙自重 2.46 kN/m²。

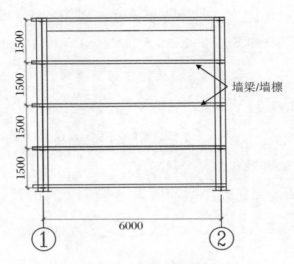

图 3.39　墙梁布置示意图

3.4.3.1　墙梁截面选取

选取截面 160×70×20×3 的 Q355B 卷边槽钢作为墙梁并在跨中设置拉条。
根据《冷弯薄壁型钢结构技术规范》(GB 50018—2002)附录 B 可知:
槽钢每米长质量为 7.42 kg/m;
x 轴方向净截面模量 $W_x = 46.71$ cm³;
y 轴方向净截面模量 $W_y = 27.17$ cm³。
根据《钢结构设计标准》表 4.4.1 可得:
抗拉、抗压、抗弯强度设计值 $f = 305$ N/mm²;
抗剪强度设计值 $f_v = 175$ N/mm²。

3.4.3.2　自重荷载 q_z 以及其作用下的弯矩 M_y 与剪力 V_y

(1) 自重荷载 q_z

$$q_z = q_{zs} + q_{zw}$$

式中,q_{zs} 为墙梁自重线荷载,q_{zw} 为外墙自重线荷载。

$$q_{zs} = 7.42 \times 9.8 \text{ N/m} = 72.716 \text{ N/m} \approx 0.073 \text{ kN/m}$$

$$q_{zw} = \frac{2.46 \times 6.0 \times 1.5}{6.0} \text{ kN/m} = 3.69 \text{ kN/m}$$

则

$$q_z = q_{zs} + q_{zw} = (0.073 + 3.69)\,\text{kN/m} = 3.763\,\text{kN/m}$$

（2）自重荷载作用下的弯矩 M_y 及剪力 V_y

$$M_y = \frac{1}{8}q_z l^2 = \frac{1}{8} \times 3.763 \times 6^2 = 16.93\,(\text{kN} \cdot \text{m})$$

$$V_y = 0.625 q_z l = 0.625 \times 3.763 \times 6 = 14.11\,(\text{kN})$$

3.4.3.3　水平风荷载 q_y 以及其作用下的弯矩 M_x 与剪力 V_x

（1）水平风荷载 q_y

$$q_y = \frac{F}{A}d = 196.1 \times 1.5 \div (70 \times 5.8) = 0.725\,(\text{kN/m})$$

（2）风荷载作用下的弯矩 M_x 与剪力 V_x

$$M_x = \frac{1}{8}q_y l^2 = \frac{1}{8} \times 0.725 \times 6^2 = 3.26\,(\text{kN} \cdot \text{m})$$

$$V_x = \frac{1}{2}q_y l = \frac{1}{2} \times 0.725 \times 6 = 2.17\,(\text{kN})$$

3.4.3.4　墙梁强度验算

根据《门式刚架轻型房屋钢结构技术规范》(GB 51022—2015)中 8.4.7 可知，墙梁根据下列公式验算其强度：

$$\frac{M_x}{W_{enx}} + \frac{M_y}{W_{eny}} \leqslant f$$

$$\frac{3V_{y,max}}{2h_0 t} \leqslant f_v$$

$$\frac{3V_{x,max}}{4b_0 t} \leqslant f_v$$

将上述计算结果带入上述公式分别得到：

$$\frac{M_x}{W_{enx}} + \frac{M_y}{W_{eny}} = (69.79 + 155.32)\,\text{N/mm}^2 = 225.11\,\text{N/mm}^2 \leqslant f = 305\,\text{N/mm}^2$$

$$\frac{3V_{y,max}}{2h_0 t} = 44.09\,\text{N/mm}^2 \leqslant f_v = 175\,\text{N/mm}^2$$

$$\frac{3V_{x,max}}{4b_0 t} = 7.75\,\text{N/mm}^2 \leqslant f_v = 175\,\text{N/mm}^2$$

综上所述，截面满足荷载需求及选用 Q355B 级 160×70×20×3 卷边槽钢。

第4章　变电站构筑物钢结构设计

4.1　引　　言

　　变电站构架是变电站进线、出线、内部导线的支撑结构,其设计影响着设备安全运行,因此构架设计也是变电站工程设计的重点之一。焊接普通钢管结构是目前常用的结构形式,该结构通常是由焊接普通钢管人字柱和格构式钢梁组成。该结构加工工艺很成熟,生产厂家比较多,施工方便,外形美观。

　　根据电气要求,不同的电压等级要求带电的导线对地面和其他构筑物保持一定的距离,因此构架特点是柱高而断面细小,属于大柔度结构。同时,变电构架的受力主要以受水平荷载为主,承受的主要水平荷载是导线及地线的张力,其次是风力。导线张力的大小与导线的档距、弧垂、导线自重、覆冰厚度、引下线重量和安装导线检修上人等有关,导线弧垂又随温度的变化而变化,因此,导线型号和档距虽然相同,在不同气象条件下导线张力也是不同的。此外,各种不利因素也不一定同时出现,如最大覆冰或最大风速的时候一般也不会有人到导线上去检修,因此变电构架设计应根据使用过程中在结构上可能同时出现的荷载,按承载能力极限状态和正常使用极限状态分别进行荷载组合,并应根据各自的最不利效应组合进行设计。

4.2　变电站构筑物钢结构的工程案例

　　拟建安徽池州某 220 kV 变电站新建工程,本工程中主变电构架高度 14 m,构架梁跨度 14 m,构架梁为 3 相挂点,导线挂点高度为 14 m,平面外计算时偏角按 5%偏角考虑,主变电站构架导线荷载如表 4.1 所列。

主变构架结构图

表 4.1　主变电站构架导线荷载表

导　线		构架导线荷载(kN)		备注
荷载状态		水平拉力 H_1	垂直荷载 R	
运行工况	最高温度	3.8	2.60	110 kV 侧＋220 kV 侧垂直荷载
	最大荷载（覆冰）	5.2	3.50	110 kV 侧＋220 kV 侧垂直荷载
	最大风速	4.6	3.12	110 kV 侧＋220 kV 侧垂直荷载
	最低温度	4.1	2.60	110 kV 侧＋220 kV 侧垂直荷载
安装工况	施工安装	4.0	2.63	110 kV 侧＋220 kV 侧垂直荷载
检修工况	三相上人	15.5	3.10	
	单相上人	17.8	3.36	

安装时梁上人及工具重 2.0 kN

梁自重按 1.2 kN/m 计算

水平拉力 H_1:按照最大侧水平拉力导入;
垂直荷载 R:按照 220 kV 侧与 110 kV 侧的合计值输入;

注:该工程场地条件为地震抗震烈度 6 度,建筑场地类别Ⅰ类;地面粗糙度为 B 类,基本风压为 0.40 kN/m² 。

4.3　变电站构筑物钢结构的电算设计

（1）目前常用的钢结构有限元分析软件包括 Midas、PKPM、3D3S 和 Staad Pro 等,本节采用 Midas Gen 进行变电站构筑物钢结构电算结构设计。新建工程为池州 XX220 kV 变电站工程。点击软件界面右下角下拉列表设置单位为 N, mm,如图 4.1 所示。

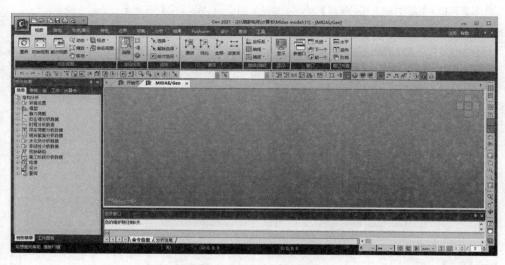

图 4.1　Midas Gen 界面

（2）点击【节点/单元】—【建立节点】显示树形菜单节点对话框，选择【建立节点】，单击建立节点右侧符号显示节点坐标输入窗口，输入构架节点坐标，如图 4.2 所示。

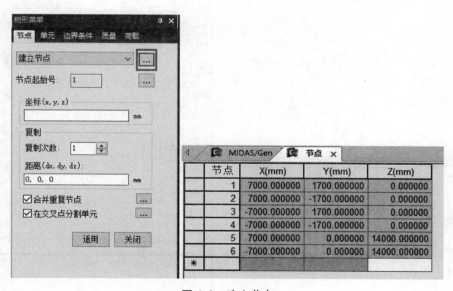

节点	X(mm)	Y(mm)	Z(mm)
1	7000.000000	1700.000000	0.000000
2	7000.000000	-1700.000000	0.000000
3	-7000.000000	1700.000000	0.000000
4	-7000.000000	-1700.000000	0.000000
5	7000.000000	0.000000	14000.000000
6	-7000.000000	0.000000	14000.000000
*			

图 4.2　建立节点

（3）点击【特性】—【材料特性值】显示材料和截面对话框。

选择【材料】，点击右侧【添加】显示材料数据对话框，在【设计类型】下拉列表中选择【钢材】,在【钢材】选项卡的【规范】下拉列表中选择【GB 50017—17(S)】,【数据库】下拉列表中选择【Q355】,点击确认,如图 4.3～图 4.5 所示。

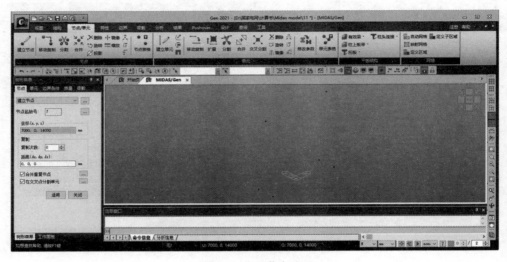

图 4.3　建立节点结果

图 4.4　材料和截面对话框

图 4.5　材料数据设置

选择【截面】,点击右侧添加显示截面数据对话框,输入截面号、名称,截面类型下拉选择【管型截面】,点击【用户】选项,依据设计图纸输入钢管直径 D 和壁厚 t。截面下拉类型选择【角钢】,点击【用户】选项,依据设计图纸输入角钢截面参数 H、B、t_w、t_f。截面下拉类型选择【实腹型圆形截面】,点击【用户】选项,依据设计图纸输入圆钢管直径参数 D,如图 4.6 所示。

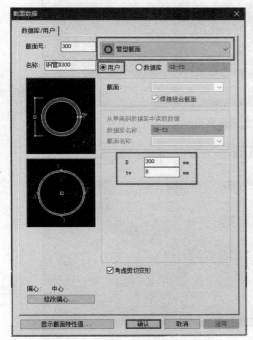
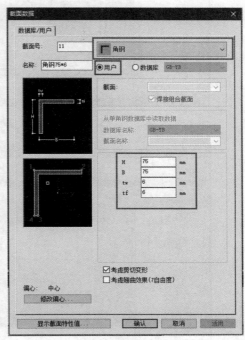

（a）钢管截面设置　　　　　　　　（b）角钢截面设置

图 4.6　截面设置

（4）点击【节点/单元】—【建立单元】显示树形菜单单元对话框,选择【建立单元】,【单元类型】下拉选择【一般梁/变截面梁】,【材料名称】下拉选择【Steel】,【截面名称】下拉选择【钢管 D300】,在操作界面中左键依次选择相应节点,建立单元,如图 4.7 所示。

（5）同理,建立变电站构架人字柱支撑的节点及对应单元,如图 4.8 所示。

（6）建立变电站构架人字柱之间的桁架模型。点击【节点/单元】—【移动复制节点】显示树形菜单节点对话框,【形式】选项卡选择【复制】,【复制和移动】选项卡选择【任意间距】,选择方向,输入间距,界面中选中初始节点,点击适用,如图 4.9所示。

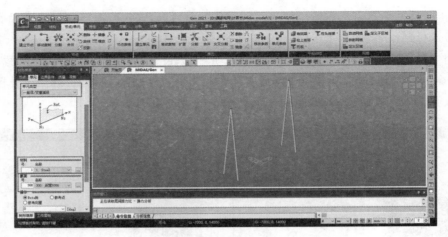

图 4.7　建立钢管单元

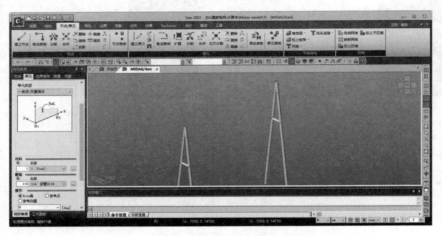

图 4.8　建立人字柱支撑的节点及对应单元

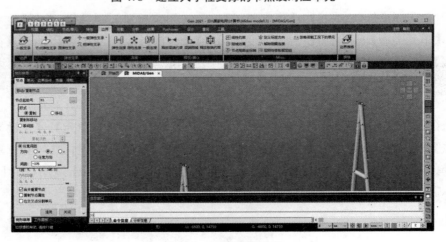

图 4.9　建立桁架节点

(7) 点击【节点/单元】—【建立单元】显示树形菜单单元对话框,选择【建立单元】,【单元类型】下拉选择【一般梁/变截面梁】,【材料名称】下拉选择【Steel】,【截面名称】下拉选择【角钢80 * 8】,【操作】—【Beta 角】输入【90】,界面中依次点击 26、28 节点,生成角钢构件,如图 4.10~图 4.11 所示。

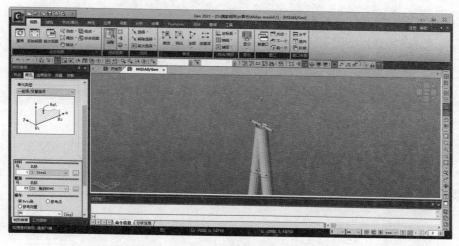

图 4.10 生成角钢构件

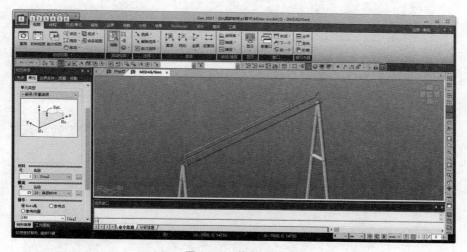

图 4.11 节点连接

(8) 同(6),在桁架上建立节点,如图 4.12 所示。

(9) 同(7),在桁架上建立单元,如图 4.13 所示。

(10) 点击【边界】—【一般支承】显示树形菜单对话框,选择【边界条件】,下拉选择【一般支承】,勾选【D-ALL】,软件界面选中人字柱四个柱脚节点,点击适用,如图 4.14 所示。

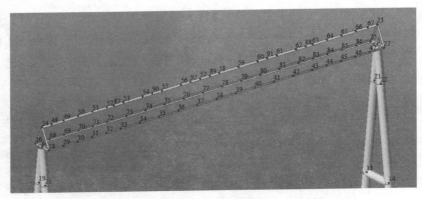

图 4.12　在桁架上建立节点

图 4.13　在桁架上建立单元

图 4.14　支承条件选择及添加

　　(11)点击【边界】—【释放/偏心】—【释放梁端约束】显示树形菜单边界条件对话框,软件界面选中相应单元,【选择类型和释放比率】选项卡中勾选相应节点释放的弯矩,点击【适用】。按照工程实际,将节点设置为铰接,如图 4.15 所示。

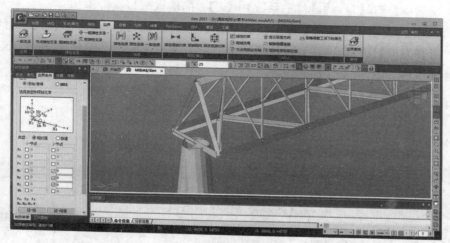

图 4.15　释放梁端约束

(12) 点击【荷载】—【建立荷载工况】—【静力荷载工况】显示静力荷载工况对话框,【名称】输入自重,【类型】下拉选择【恒荷载(D)】,点击右侧添加。同理,按设计要求添加实际静力荷载工况,如图 4.16～图 4.17 所示。

图 4.16　静力荷载工况设置

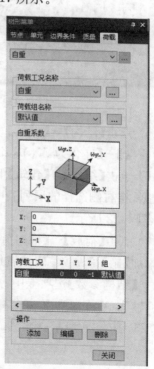

图 4.17　自重设置

（13）点击【荷载】—【结构荷载/质量】—【自重】显示树形菜单荷载对话框，【荷载工况名称】选择【自重】，【自重系数】中【Z】方向输入－1，点击添加。

（14）树形菜单荷载对话框中下拉选择【节点荷载】，【荷载工况名称】选择【运行－最高温度】，【节点荷载】中【FY】输入－3800，【FZ】输入－2600，软件界面选中荷载的施加节点，点击添加。

同理，按设计要求添加运行工况、安装工况、检修工况的节点荷载。也可单击【节点荷载】右侧符号 ... 显示节点荷载输入窗口，输入各节点荷载，如图 4.18～图4.19 所示。

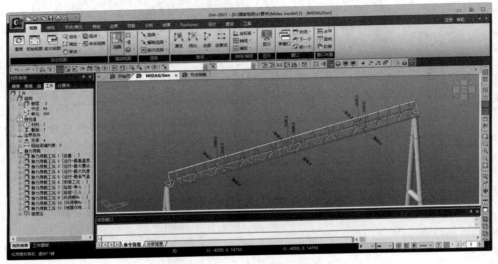

图 4.18 运行－最高温度设置及选取

（15）点击【结构】—【类型】—【结构类型】显示结构类型对话框，点击【将自重转化为质量】—【转化为 X，Y，Z】，点击确认。

（16）点击【结构】—【建筑】下拉选择【定义层数据】显示层数据对话框，点击生成层数据，将右侧选择的层列表中 1～4 号移至左侧未选层列表，点击【确认】，如图4.20～图 4.22 所示。

（17）点击【荷载】—【横向荷载】—【地震荷载】显示等效地震荷载对话框，点击右侧【添加】显示添加/编辑地震作用设计规范对话框。依据设计要求，调整地震作用参数。【结构参数】选项卡中，点击【计算周期】显示根据中国标准计算的结构基本周期，输入 X 方向和 Y 方向高度及宽度 H、Bx、By，点击【适用】。点击【确认】，如图 4.23、图 4.24 所示。

节点	荷载工况	FX (N)	FY (N)	FZ (N)	MX (N*mm)	MY (N*mm)	MZ (N*mm)	组
33	运行-最高温度	0.00	-3800.00	-2600.	0.00	0.00	0.00	默认
33	运行-最大覆冰	0.00	-5200.00	-3500.	0.00	0.00	0.00	默认
33	运行-最大风速	0.00	-4600.00	-3120.	0.00	0.00	0.00	默认
33	运行-最低气温	0.00	-4100.00	-2600.	0.00	0.00	0.00	默认
33	安装工况	0.00	-4000.00	-2630.	0.00	0.00	0.00	默认
33	检修-单人	0.00	-17800.0	-3360.	0.00	0.00	0.00	默认
33	检修-三人	0.00	-15500.0	-3100.	0.00	0.00	0.00	默认
38	运行-最高温度	0.00	-3800.00	-2600.	0.00	0.00	0.00	默认
38	运行-最大覆冰	0.00	-5200.00	-3500.	0.00	0.00	0.00	默认
38	运行-最大风速	0.00	-4600.00	-3120.	0.00	0.00	0.00	默认
38	运行-最低气温	0.00	-4100.00	-2600.	0.00	0.00	0.00	默认
38	安装工况	0.00	-4000.00	-2630.	0.00	0.00	0.00	默认
38	检修-单人	0.00	-17800.0	-3360.	0.00	0.00	0.00	默认
38	检修-三人	0.00	-15500.0	-3100.	0.00	0.00	0.00	默认
43	运行-最高温度	0.00	-3800.00	-2600.	0.00	0.00	0.00	默认
43	运行-最大覆冰	0.00	-5200.00	-3500.	0.00	0.00	0.00	默认
43	运行-最大风速	0.00	-4600.00	-3120.	0.00	0.00	0.00	默认
43	运行-最低气温	0.00	-4100.00	-2600.	0.00	0.00	0.00	默认
43	安装工况	0.00	-4000.00	-2630.	0.00	0.00	0.00	默认
43	检修-单人	0.00	-17800.0	-3360.	0.00	0.00	0.00	默认
43	检修-三人	0.00	-15500.0	-3100.	0.00	0.00	0.00	默认
72	运行-最高温度	0.00	3800.00	-2600.	0.00	0.00	0.00	默认
72	运行-最大覆冰	0.00	5200.00	-3500.	0.00	0.00	0.00	默认
72	运行-最大风速	0.00	4600.00	-3120.	0.00	0.00	0.00	默认
72	运行-最低气温	0.00	4100.00	-2600.	0.00	0.00	0.00	默认
72	安装工况	0.00	4000.00	-2630.	0.00	0.00	0.00	默认
72	检修-三人	0.00	15500.0	-3100.	0.00	0.00	0.00	默认
72	检修-单人	0.00	17800.0	-3360.	0.00	0.00	0.00	默认
77	运行-最高温度	0.00	3800.00	-2600.	0.00	0.00	0.00	默认
77	运行-最大覆冰	0.00	5200.00	-3500.	0.00	0.00	0.00	默认
77	运行-最大风速	0.00	4600.00	-3120.	0.00	0.00	0.00	默认
77	运行-最低气温	0.00	4100.00	-2600.	0.00	0.00	0.00	默认
77	安装工况	0.00	4000.00	-2630.	0.00	0.00	0.00	默认
77	检修-单人	0.00	17800.0	-3360.	0.00	0.00	0.00	默认
77	检修-三人	0.00	15500.0	-3100.	0.00	0.00	0.00	默认
82	运行-最高温度	0.00	3800.00	-2600.	0.00	0.00	0.00	默认
82	运行-最大覆冰	0.00	5200.00	-3500.	0.00	0.00	0.00	默认
82	运行-最大风速	0.00	4600.00	-3120.	0.00	0.00	0.00	默认
82	运行-最低气温	0.00	4100.00	-2600.	0.00	0.00	0.00	默认
82	安装工况	0.00	4000.00	-2630.	0.00	0.00	0.00	默认
82	检修-单人	0.00	17800.0	-3360.	0.00	0.00	0.00	默认
82	检修-三人	0.00	15500.0	-3100.	0.00	0.00	0.00	默认
82	检修-三人	0.00	15500.0	-3100.	0.00	0.00	0.00	默认

图 4.19　各工况荷载添加

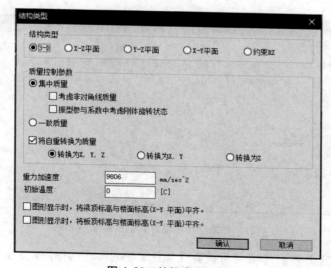

图 4.20　结构类型设置

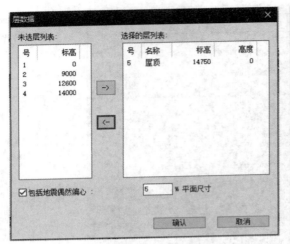

图 4.21 定义层数据

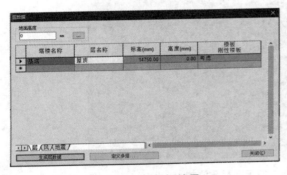

图 4.22 层数据结果

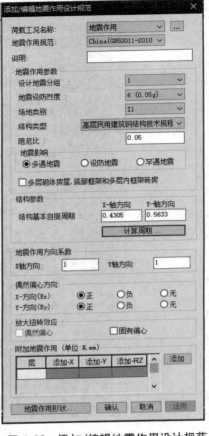

图 4.23 添加/编辑地震作用设计规范

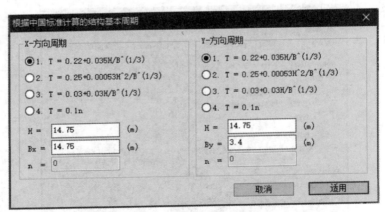

图 4.24 根据中国标准计算的结构基本周期

(18) 点击【荷载】—【横向荷载】—【风压】下拉列表选择【速度压】显示速度压

对话框,点击右侧【添加】显示添加/编辑速度压对话框,输入风荷载相关参数,点击【确认】,如图 4.25 所示。

（19）点击【荷载】—【横向荷载】—【风荷载】显示风荷载对话框,点击右侧【添加】显示添加/编辑风荷载规范对话框。荷载工况名称下拉选择【风荷载 *Wx*】,风荷载规范下拉选择【China（GB 50009—2012）】,依据设计要求,调整风荷载作用参数。【基本周期】选项卡点击自动计算,输入 X 方向和 Y 方向高度及宽度 H、Bx、By,点击【适用】。风荷载方向系数【X-轴】输入 1,【Y-轴】输入 0,点击确认,如图 4.26 所示。

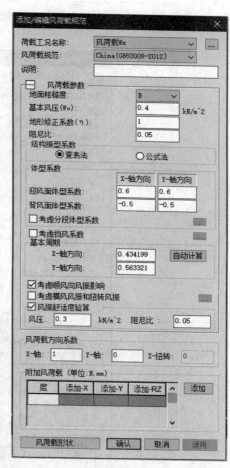

图 4.26　设置风荷载 *Wx* 下的风荷载规范

图 4.25　添加/编辑速度压

同理,设置【风荷载 *Wy*】荷载工况下的风荷载规范,如图 4.27、图 4.28 所示。

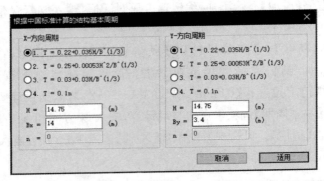

图 4.27　设置风荷载 Wx 下根据中国标准计算的结构基本周期

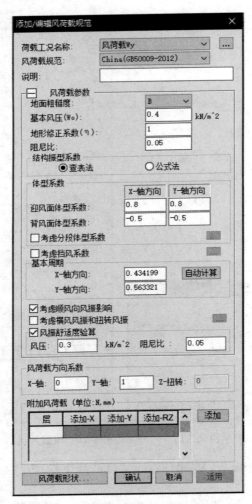

图 4.28　设置风荷载 Wy 下的风荷载规范

（20）点击【荷载】—【横向荷载】—【风压】下拉列表选择【梁单元风压】显示树形菜单风压对话框。【荷载工况名称】下拉选择【风荷载 Wx】，顺风向基本周期点击右侧符号计算，【H】输入 14.75【B】输入 3.4，横风向基本周期【H】输入 14.75【B】输入 14。软件界面选中所有梁单元，点击【适用】，如图 4.29～图 4.30 所示。

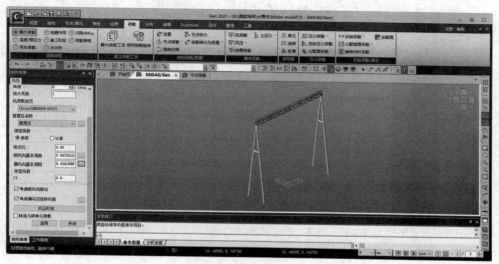

图 4.29　设置风荷载 Wx 下的梁单元风压

图 4.30　风荷载 Wx 下的梁单元风压结果

同理,设置【风荷载 Wy】荷载工况下的梁单元风压,如图 4.31 所示。

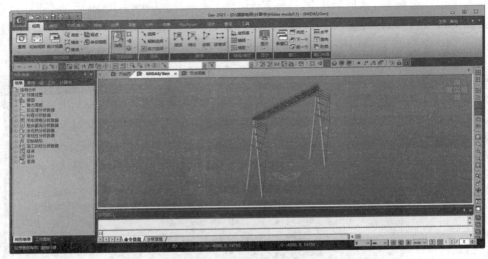

图 4.31 设置风荷载 Wy 下的梁单元风压

(21) 点击【结果】—【组合】—【荷载组合】显示荷载组合对话框。在右侧【荷载工况和系数】中,荷载工况下拉选择【自重(ST)】,【系数】输入 1.0,荷载工况下拉选择【运行-最大风速(ST)】,【系数】输入 1.3,荷载工况下拉选择【风荷载 Wx(ST)】,【系数】输入 1.4,在荷载组合对话框左侧【荷载组合列表】中【名称】输入【运行-大风工况】,【说明】输入【1.0G + 1.3 运行-最大风速 + 1.4Wx】,如图 4.32 所示。

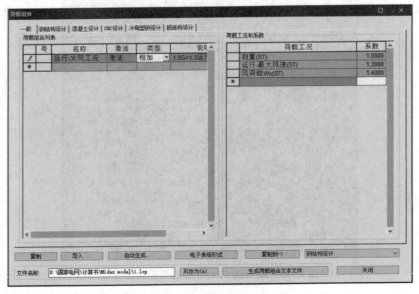

图 4.32 大风工况荷载组合

依据设计规范要求添加荷载组合工况。变电站构架常用的荷载效应组合工况为：运行工况、安装工况、检修工况、地震作用效应组合等，如图 4.33 所示。

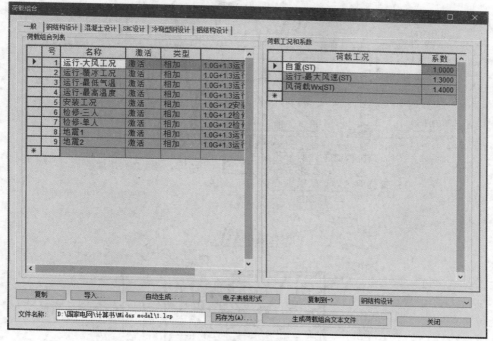

图 4.33　各工况荷载组合

（22）点击【分析】—【运行】—【运行分析】。

（23）点击【结果】，查看反力、变形、内力、应力等计算结果。

4.4　变电站构筑物钢结构的基础设计

4.4.1 柱脚验算

图 4.34 为柱脚节点详图，由 4.3 节电算内容可知，最不利工况下变电站构架人字柱柱脚轴力 $N = 103249.4\,\text{N}$。

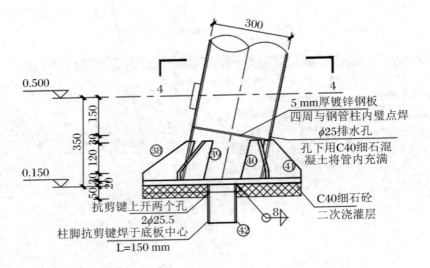

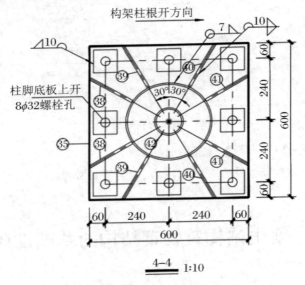

图 4.34　柱脚节点详图

（1）底板面积验算

$$A_n = \frac{N}{f_c} = \frac{103249.4}{14.1} = 7322.6525 \text{ mm}^2 < 360000 \text{ mm}^2$$

（2）底板厚度验算

根据柱脚加劲肋布置形式，底板均为三边支承板，其承受弯矩 M：

$$M = \beta \times \sigma \times a^2 = 0.125 \times 0.2868 \times 142^2 = 722.8794 \text{ N} \cdot \text{mm}$$

其中，

$$\sigma = \frac{N}{A} = \frac{103249.4}{360000} = 0.2868 \text{ N/mm}^2$$

β 为 b/a 有关的系数，b 为人字柱钢管至底板边缘的长度，a 为人字柱钢管半径(除去钢管壁厚)，当 $b/a \geqslant 1.2$ 时，$\beta = 0.125$。

$$t \geqslant \sqrt{\frac{6M}{f}} = \sqrt{\frac{6 \times 722.8794}{305}} = 3.77 \text{ mm}$$

由图纸可知，$t = 20$ mm，满足设计要求和构造要求。

（3）加劲肋焊缝验算：

依据底板加劲肋布置，按照受力分区，每个加劲肋所承受的底板压应力为三角形线荷载，$q = \sigma \times B = 0.2868 \times 346 = 99.35$ N/mm，三角形荷载等效为剪力 V 和弯矩 M 分别为：

$$V = \frac{1}{2} \times q \times l = \frac{1}{2} \times 99.35 \times 300 = 14903 \text{ N}$$

$$M = V \times \frac{2}{3}l = 14903 \times \frac{2}{3} \times 300 = 2980600 \text{ N} \cdot \text{mm}$$

根据加劲肋尺寸及位置，验算焊缝。

均匀受剪状态下：

$$\tau_f = \frac{V}{h_e \sum l_w} = 5.586 \text{ N/mm}^2 \leqslant f_f^w = 200 \text{ N/mm}^2$$

其中，

$$h_e = 10 \text{ mm}$$

$$\sum l_w = 2\sqrt{130^2 + 30^2} = 266.8 \text{ mm}$$

弯矩组合作用下：

$$\sigma_f = \frac{M}{W_w} = 100.49 \text{ N/mm}^2 \leqslant \beta_f f_f^w = 1.22 \times 200 \text{ N/mm}^2$$

其中，

$$W_w = \frac{2h_f \times l_w^2}{12} = 29659.267 \text{ mm}^3$$

满足要求。

4.4.2　基础抗拔和抗倾覆稳定验算

图 4.35 和图 4.36 为基础平面图和剖面图，由模型计算结果可知基础顶部最大拉力 $T = -67.05$ kN，剪力 $V = 3.23$ kN，弯矩 $M = 5695.9$ N · mm。

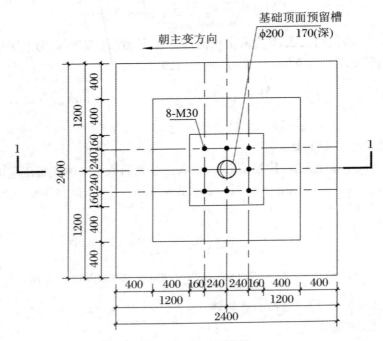

图 4.35　基础平面图

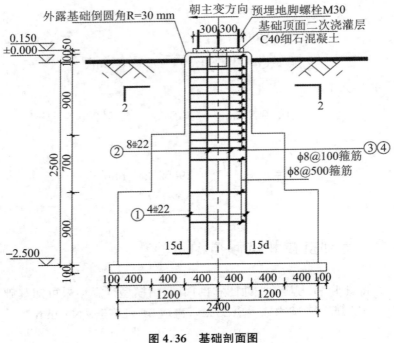

图 4.36　基础剖面图

（1）基础抗拔验算

按基础自重及基础台阶上土重计算抗拔稳定：

$$\frac{G + G_0}{K_G} = \frac{94.08 + 1.53}{1} = 278.28 \text{ kN}$$

其中，G 为基础自重标准值，计算过程为 $G = V_0 \times \gamma_{混} \times g = 7.55 \times 2400 \times 9.8 = 177.58 \text{ kN}$

G_0 为基础底板上土重标准值，$G_0 = (V - V_0) \times \gamma_{土} \times g = 6.85 \times 1500 \times 9.8 = 100.7 \text{ kN}$

$V - V_0 = (2.4 \times 2.4 \times 2.5) - (2.4 \times 2.4 \times 0.7 + 1.6 \times 1.6 \times 0.7 + 0.8 \times 0.8 \times 0.9) = 6.85 \text{ m}^3$

K_G 为上拔设计稳定系数，值取 1.0。

满足要求。

（2）基础抗倾覆验算

基础抗倾覆计算时不考虑土抗力的影响，基础抗倾覆计算如下：

$$M \leqslant \frac{Ne_x}{K_G} = \frac{(3.23 + 94.08 - 67.05) \times 10^3 \times 1200}{1} = 3.631 \times 10^7 \text{ N} \cdot \text{mm}$$

其中，N 为基础底面以上的轴力设计值；e_x 为垂直力对基础 X 方向基础倾覆点的距离满足要求。

第5章 采暖通风与空气调节

5.1 引 言

供暖是指使室内获得热量并保持一定温度以达到适宜的生产、生活或工作条件。《民用建筑热工设计规范》(GB 50176—2016)中将我国划分为严寒、寒冷、夏热冬冷、夏热冬暖和温和五个热工设计区域,分别规定了不同的热工设计要求。位于严寒和寒冷地区的变电站中,有工艺要求和人员经常活动的场所应设置采暖设施,其他地区可根据工艺与设备要求设置采暖设施。如工艺上无特殊要求,变电站内的二次设备室、警卫室、泵房、卫生间等房间有冬季采暖需求。

通风是利用自然或机械的方法向某一个房间或空间送入室外空气,以及由某一个房间或空间排除空气的过程,送入室内的空气可以是经过处理的也可以是未经处理的。变电站中的通风系统主要用于排除电气设备散发的余热及有害气体。排除余热的房间主要有电气设备室、电容器室、电抗器室、配电装置室、电缆夹层等。可能产生有害气体的房间主要有蓄电池室和配电装置室。对于有火灾危险的功能间还应设置排烟系统,如 GIS 室、电缆夹层等。

相对于供暖和通风,空气调节可以实现对室内环境进行多参数调节,包括室内空气的温度、湿度、气流速度、空气洁净度等参数。变电站中某些房间对室内空气参数有限制要求,以保证设备的安全运行和工作人员的身体健康。在这些房间中,当通风系统不能满足室内设计参数要求的时候,应设计空气调节系统。一般情况下需要设置空调设施的房间包括:开关室和蓄电池室、二次设备室、消防控制室、值班室等。

5.2　采暖通风与空气调节

供暖通风与空气调节设计应符合《建筑防火通用规范》(GB 55037—2022)、《建筑节能与可再生能源利用通用规范》(GB 55015—2021)、《工业建筑供暖通风与空气调节设计规范》(GB 50019—2015)、《民用建筑供暖通风与空气调节设计规范》(GB 50736—2012)、《建筑设计防火规范》(GB 50016—2014)、《建筑防烟排烟系统技术标准》(GB 51251—2017)、《火力发电厂与变电站设计防火标准》(GB 50229—2019)、《220 kV～750 kV 变电站设计技术规程》(DL/T 5218—2012)、《35 kV～110 kV户内变电站设计规程》(DL/T 5495—2015)、《220 kV～500 kV户内变电站设计规程》(DL/T 5496—2015)等规范的规定。

供暖、通风与空气调节设计方案应根据生产工艺要求以及建筑物的用途与功能、使用要求、冷热负荷构成特点、环境条件、能源状况,结合现行国家相关卫生、安全、节能、环保等方针政策,会同相关专业通过综合技术经济比较确定。在设计中宜采用新技术、新工艺、新设备、新材料。

5.2.1　设计参数

5.2.1.1　室外设计参数

供暖、通风和空气调节计算用室外计算温度、相对湿度、风速、风向、日照和大气压力等参数可参考《工业建筑供暖通风与空气调节设计规范》(GB 50019—2015)中的相关规定进行选择。当室内温、湿度需全年保证时,应另行确定空气调节室外计算参数。当缺少相关参数时,应根据《民用建筑热工设计规范》(GB 50176—2016)从《工业建筑供暖通风与空气调节设计规范》(GB 50019—2015)附录 A 中选取与建设地地理和气候条件接近的气象台站。

5.2.1.2　室内设计参数

变电站各个建筑物和主要功能间的室内设计参数应由工艺专业提出,如无明确要求时,室内设计参数应根据建筑物的用途选择或参考表 5.1～5.2。其他附属功能间的设计参数在工艺无特殊要求时,可以参考《工业建筑供暖通风与空气调节设计规范》(GB 50019—2015)或《民用建筑供暖通风与空气调节设计规范》

(GB 50736—2016)。

表 5.1 变电站各功能房间供暖室内设计温度参考值

房间名称	室内设计温度（℃）	房间名称	室内设计温度（℃）
主控制室	18～22	计算机室	18～22
通信机房	18～22	通信电源室	18
交直流配电室	≥5	二次设备室	18～20
蓄电池室	18	安全工具室	≥5
变压器室	—	电抗器室	—
电容器室	—	电缆夹层、电缆隧道	—
监控室	18～20	消防控制室	18
阀室	依据工艺资料	GIS 室	依据工艺资料
站用交直流配电室	≥5	柴油发电机室	≥5
开关柜室	≥5	油罐室	≥5
检修、劳动工具间	16	备品备件库	≥5
警卫室	18	资料室	18
会议室	18	值班室	18
办公室	18	交接班室	18
门厅、走道	14	卫生间	14
车库	≥5	水工建筑物	≥5

表 5.2 变电站各功能房间空调室内设计温度参考值

房间名称	夏季		冬季	
	温度（℃）	相对湿度（%）	温度（℃）	相对湿度（%）
主控制室	24～28	40～65	18～22	40～65
计算机室	24～28	40～65	18～22	40～65
通信机房	26～28	—	18	—
通信电源室	≤35	—	—	—
交流配电室	≤35	—	—	—
阀控密闭式蓄电池室	≤30	—	20	—
检修工具间、工具间、安全工器具室	≤30	—	5	—

续表

房间名称	夏季		冬季	
	温度(℃)	相对湿度(%)	温度(℃)	相对湿度(%)
办公室、会议室、值班室	26～28	—	18	—
交接班室、站长室	26～28	—	18	—
资料室	26～28	—	16	—
二次设备室	24～28	50±10	18～22	50±10
监控室	26～28	40～65	18～22	40～65
消防控制室	26～28	40～65	18～22	40～65
站用变压器室	≤35	—	≥5	—
交流配电室	≤35	—	≥5	—
开关柜室	≤35	—	≥5	—
蓄电池室	≤30	—	18～22	—
SVC 阀室	≤30	≤60	≥10	≤60
SVG 阀室	依据工艺资料			

5.2.2　供暖

供暖方式的选择应根据房间的功能及规模,所在地区气象条件、能源状况、能源政策、环保等要求,通过技术经济比较确定,可采用分散电热采暖、集中电热锅炉或利用附近供暖设施供暖,具体要求如下:

(1) 位于严寒或寒冷地区的变电站,有工艺要求的房间及人员经常活动场所应设置采暖设施;夏热冬冷地区和温和地区,如果需要进行供暖,设置空调的房间冬季可利用热泵型空调设备供暖,未设置空调的工艺房间,可根据工艺要求设置分散式电热供暖。

(2) 当站区附近有可利用余热或可再生能源供暖时,应优先采用,热媒及其参数可根据具体情况确定。

(3) 当站区附近有城市供暖热网、区域供暖热网、电厂等外部热源时,宜采用集中热水供暖;在寒冷和极寒地区,当站区供暖面积较大,在技术经济合理时,可采用电热锅炉、燃气锅炉集中热水供暖。

(4) 不具备上述条件,供暖建筑物较分散、供暖负荷较小以及无人值守的变电站,宜选用分散式电热供暖。

(5) 所有供暖区域严禁采用明火取暖。

5.2.2.1 负荷计算

供暖热负荷计算分为估算和详细计算、可行性研究和初步设计阶段,可采用估算法。施工图设计阶段应进行详细计算。

1. 热负荷详细计算

冬季供暖通风系统的热负荷应根据建筑物下列耗热量和得热量确定。不经常发生的散热量可不计算。经常而不稳定的散热量应采用小时平均值。

(1) 围护结构的耗热量;

(2) 加热由门窗缝隙渗入室内的冷空气的耗热量;

(3) 加热由门、孔洞及相邻房间侵入的冷空气的耗热量;

(4) 工艺设备散热量;

(5) 通风耗热量;

(6) 水分蒸发的耗热量;

(7) 加热由外部运入的冷物料和运输工具的耗热量;

(8) 热管道及其他热表面的散热量;

(9) 热物料的散热量;

(10) 通过其他途径散失或获得的热量。

变电站建筑物或房间供暖热负荷一般包括前 5 项,其中第(4)项工艺设备散热量应由工艺提供或向设备制造厂家咨询。

1) 围护结构的耗热量

围护结构的耗热量应包括基本耗热量和附加耗热量。围护结构的基本耗热量应按下式计算:

$$Q_j = \alpha F K (t_n - t_w n) \tag{5.1}$$

式中,Q_j 为围护结构的基本耗热量,单位 W;α 为围护结构温差修正系数,按表 5.3 采用;F 为围护结构的面积,单位 m^2;K 为围护结构平均传热系数,单位 $W/(m^2 \cdot \text{℃})$;t_n 为供暖室内计算温度,单位 ℃;t_{wn} 为供暖室外计算温度,单位 ℃。

表 5.3 温差修正系数 α

围护结构特征	α
外墙、屋顶、地面以及与室外相通的楼板等	1.00
闷顶和与室外空气相通的非供暖地下室上面的楼板等	0.90
与有外门窗的不供暖楼梯间相邻的隔墙(1-6 层建筑)	0.60
非供暖地下室上面的楼板,外墙上有窗时	0.75

续表

围护结构特征	α
非供暖地下室上面的楼板,外墙上无窗且位于室外地坪以上时	0.60
非供暖地下室上面的楼板,外墙上无窗且位于室外地坪以下时	0.40
与有外门窗的非供暖房间相邻的隔墙	0.70
与无外门窗的非供暖房间相邻的隔墙	0.40
伸缩缝、沉降缝墙	0.30
抗震缝墙	0.70

附加耗热量按基本耗热量的百分数计算,考虑了各项附加后,某面围护结构的传热耗热量:

$$Q_1 = Q_j(1 + \beta_{ch} + \beta_f + \beta_{lang} + \beta_m)(1 + \beta_{fg})(1 + \beta_{jan}) \tag{5.2}$$

式中,Q_1 为围护结构耗热量,单位 W;式中各项附加率 β 如表 5.4 所示。

表 5.4　围护结构附加耗热量各项附加率

序号	附加项目	附加率项	备注
1	朝向修正 β_{ch}	北、东北、西北 0~10	1. 当围护结构倾斜时取其垂直投影面积和朝向; 2. 应考虑冬季日照绿、辐射照度、建筑物使用和被遮挡情况; 3. 冬季日照率<35%时,东南、西南和南向的修正率宜为 -10%~0,东西向可不修正
		东、西 -5	
		东南、西南 -15~-10	
		南 -30~-15	
2	风力修正 β_f	5~10	仅限于高地、海边、旷野
3	两面外墙修正 β_{lang}	5	仅用于外墙、外门、窗
4	窗墙比过大修正 β_m	10	当窗墙面积比大于 1:1 时,仅修正外窗
5	高度修正 β_{fg}	2(H-4),且总附加率不超过 15%	H:房间净高,不适用于楼梯间
6	间歇附加	仅白天使用 20	外墙、外门、外窗、地面、顶棚均适用
		不经常使用 30	

2) 加热由门窗缝隙渗入室内的冷空气的耗热量

加热由门窗缝隙渗入室内的冷空气的耗热量按下式计算。

$$Q = 0.28c_p\rho_{wn}L(t_n - t_{wn}) \tag{5.3}$$

式中,Q 为由门窗缝隙渗入室内的冷空气的耗热量,单位 W;c_p 为空气的定压比热容，$c_p = 1$ kJ/(kg·℃)；ρ_{wn} 为供暖室外计算温度下的空气密度，单位 kg/m³；L 为渗透冷空气量，单位 m³/h；t_n 为供暖室内设计温度，单位℃；t_{wn} 为供暖室外计算温度，单位℃。

渗透冷空气量可采用理论计算方法或按照换气次数法进行估算。理论计算法可参考《工业建筑供暖通风与空气调节设计规范》（GB 50019—2015）。当缺少理论计算所需数据时，建筑物的渗透冷空气量可按下式计算：

$$L = kV \tag{5.4}$$

式中，V 为房间体积，单位 m³；k 为换气次数，当无实测数据时，可按表5.5确定（次/h）。

表5.5　换气次数(次/h)

房间类型	一面有外窗	两面有外窗	三面有外窗	门厅
K	0.5	0.5~1.0	1.0~1.5	2

生产厂房、仓库、公用辅助建筑物，加热由门窗缝隙渗入室内的冷空气的耗热量占围护结构总耗热量的百分率可按表5.6确定。

表5.6　渗透耗热量占围护结构总耗热量的百分率

建筑物高度		<4.5	4.5~10.0	>10.0
玻璃窗层数	单层	25	35	40
	单双层都有	20	30	35
	双层	15	25	30

3) 冷风侵入耗热量

冷风侵入耗热量针对短时间开启的、无热空气幕的外门，外门附加率取值宜符合下列规定，其中 n 为建筑物的楼层数：

(1) 一道门宜为 65%×n；

(2) 两道门且有一个门斗时，宜为 80%×n；

(3) 三道门且有两个门斗时，宜为 60%×n；

(4) 主要出入口宜为 500%。

4) 通风耗热量

通风耗热量仅考虑冬季连续运行的通风系统，其耗热量按式(5.5)计算。

$$Q = 0.28cL_s\rho_s(t_s - t_c) \tag{5.5}$$

式中，Q 为通风耗热量，单位 W；c 为空气比热容，取 1.01 kJ/(kg·℃)；ρ_s 为空气密度，单位 kg/m³；L_s 为送风量，单位 m³/h；t_s 为送风温度，单位℃；t_c 为冬季通风室外计算温度，单位℃。

2．热负荷估算

变电站供暖设计热负荷估算可按体积热指标进行估算,估算方法见式(5.6)和式(5.7)。

$$Q_n = aq_{n,v}V(t_{n,p} - t_w) \tag{5.6}$$

$$Q_f = aq_{f,v}V(t_{n,p} - t_{w,f}) \tag{5.7}$$

式中,Q_n 为供暖热负荷,单位 W;Q_f 为通风热负荷,单位 W;a 为温度修正系数,按表 5.7 取值;V 为建筑物或房间外轮廓体积,单位 m^3;$Q_{n,v}$、$q_{f,v}$ 为供暖、通风体积热指标,单位 $W/(m^3 \cdot \text{℃})$,按表 5.8 取值;$t_{n,p}$ 为室内平均计算温度,单位 ℃;t_w 为供暖室外计算温度,单位 ℃;$t_{w,f}$ 为冬季通风室外计算温度,单位 ℃。

表 5.7　温度修正系数

供暖室外计算温度(℃)	温度修正系数 a	供暖室外计算温度(℃)	温度修正系数 a
0	2.05	−25	1.08
−5	1.67	−30	1.00
−10	1.45	−35	0.95
−15	1.29	−40	0.90
−20	1.17		

表 5.8　部分功能间体积热指标

房间名称	$V(m^3)$	$q_{n,v}$	$q_{f,v}$	$t_{n,p}$
主控制室	>30	0.37	0.19	18
计算机室	>30	0.37	0.19	18
通信机房	>30	0.37	0.19	18
交直流配电室	>30	0.37	0.19	5
检修工具间	>20	0.36	0.87	5
劳动安全工具间	10~35 30~75	0.35~0.29 0.29~0.23	1.10	10
工具间	>20	0.27	1.05	5
会议室	>30	0.37	1.05	18
交接班室/站长室	>30	0.37	0.19	18
资料室	>30	0.37	0.19	18
值班室	>30	0.37	0.19	18
备餐间	>30	0.37	0.19	18
卫生间	>10	0.36	0.87	14

续表

房间名称	$V(\text{m}^3)$	$q_{n,v}$	$q_{f,v}$	$t_{n,p}$
门厅/走廊/楼梯间	50～100 100～200	0.47～0.44 0.47～0.41	0.17～0.14 0.14～0.09	14
继电器室	50～100 100～150 >150	0.29～0.26 0.26～0.21 0.20	1.16～1.05 1.15～0.93 0.92	18

在可行性研究阶段、初步设计阶段,变电站个房间的热负荷可按下式进行估算:

$$Q = \sum Aq(t_{n,p} - t_w) \tag{5.8}$$

式中,Q 为供暖热负荷,W;A 为建筑物面积,m^2;q 为建筑物供暖热指标,$\text{W}/(\text{m}^2 \cdot ℃)$,可参考表 5.9 进行取值;$t_{n,p}$ 为室内平均计算温度,℃;t_w 为供暖室外计算温度,℃。

表 5.9　部分功能间的供暖热指标

$\text{W}/(\text{m}^2 \cdot ℃)$

功能间	热指标	功能间	热指标	功能间	热指标
主控制室	3.0	汽车库	7.5	卫生间	5.0
检修间	6.5	材料库	5.0	厨房	3.0
泵房	6.5	办公区	2.5		

5.2.2.2　供暖设备

变电站常用供暖设备主要有电热供暖设备和热水供暖设备。由于种类繁多,各制造厂提供的产品,无论形式、型号或规格、尺寸,还是技术参数等都不统一,设计过程中,可查阅制造厂提供的产品样本和相关的技术资料。供暖设备主要包括电热供暖设备和热水供暖设备。

变电站常用电热供暖设备主要包括各种电取暖器、电热暖风机和电热风幕机。常用的电取暖器包括采用对流或辐射散热的电取暖器、含蓄热材料的蓄热式电取暖器。

变电站常用热水供暖设备主要包括热水散热器、热水型暖风机和热水型风幕机。热水型暖风机和热水型风幕机均由热水换热器、风机及电机所组成。其功能和使用场合同电热暖风机和电热风幕机。

(1) 蓄电池室的供暖散热器应采用耐腐蚀、承压高的散热器;防酸隔爆蓄电池室采用电采暖时应采用防爆型。

(2) 室内供暖系统的管道、管件及保温材料应采用不燃烧材料。

（3）布置在泵房、卫生间的电采暖器宜采用防水型。

（4）柴油发电机室及油罐室应设计供暖,如采用电热供暖设备应选用防爆型。

5.2.2.3　设备及管道布置

变电站供暖应根据工艺设备布置、房间层高、面积、功能布置供暖设备,设备和管道布置应符合下列要求:

（1）散热器宜明装,当需要暗装时,装饰罩应有合理的气流通道、足够的通道面积,并方便维修。

（2）电取暖器不可倒置或横放,且应设置接地措施。

（3）散热器一般布置在窗台下部,布置有困难时也可靠内墙布置,进深较大的房间散热器应分散均布。

（4）门斗内不宜设置散热器。

（5）楼梯间的散热器宜布置在底层或按一定比例分配在下部各层。

（6）蓄电池室散热器与蓄电池之间的距离不应小于 0.75 m。蓄电池选用散热器供暖时,室内不宜有丝扣、接头和阀门;供暖管道不宜穿过蓄电池室楼板;蓄电池室内不应敷设供暖沟道。

（7）电气设备用房不应布置有压水管或蒸汽管道,供暖水管不宜穿越电气盘柜间、变压器室和通信设备间。

（8）蓄电池室冬季送风温度不宜高于 35 ℃,并应避免热风直接吹向蓄电池。

（9）当供暖管道穿越防火墙时应预埋钢套管,管道与套管之间的空隙应采用耐火材料严密封堵,并在穿墙处设置固定支架。

（10）供暖设备不应布置在电缆沟正上方压住电缆沟盖板。

5.2.2.4　设计要点

（1）热水供暖系统宜采用同程式,供暖立管应设置调节阀或关闭阀,但楼梯间立管不宜设置阀门。

（2）位于严寒地区、寒冷地区的主控通信楼(室)宜设置热风幕。

（3）蓄电池室冬季耗热量应由散热器补偿,通风耗热量应由热风装置补偿。

（4）间歇供暖时同一系统中不宜混用水容量差别较大的不同类型的散热器。

（5）散热器或电取暖器形式和种类要考虑外形美观、与房间尺寸相适应、并与室内装饰相协调。

（6）对防尘要求较高的房间,应采用易于清除灰尘的散热器或电取暖器、具有腐蚀性气体的房间,应选用耐腐蚀的散热器或电取暖器。

（7）热风供暖适用于允许循环使用室内空气的大空间建筑。小型暖风机可以吊挂,大型暖风机落地安装。空气不能循环使用的场合,产生易燃易爆气体、纤维或粉尘等工艺过程的房间,对环境噪声有比较严格要求的房间均不能使用。

(8) 供暖设备应设置温度传感器,可根据设定的温度范围自动启停。

(9) 供暖设备与电气设备之间的距离应满足带电距离的要求。

(10) 供暖房间的进风及排风口,均应设置关闭阀门。

5.2.3 通风

通风系统用于排除室内工艺生产散发的余热、余湿和各种有毒有害气体,包括通风换气、事故通风、防烟和排烟。变电站常用通风方式有自然通风、机械通风、事故通风和防排烟通风。通风方式的选择原则如下:

(1) 通风降温应优先选用自然通风;自然通风无法满足要求时,可采用机械通风或机械通风与自然通风相结合的方式。

(2) 当周围环境洁净时,机械通风宜采用自然进风、机械排风系统;当周围空气含尘严重或从室外自然进风困难时,应采用机械送风、机械排风系统,空气含尘严重时进风应过滤,室内应保持正压。

(3) 当机械通风不满足降温要求时,在蒸发冷却效率达到80%以上的中等湿度及干燥的地区,可采用喷水蒸发冷却方式对送风进行降温,但应保证室内相对湿度满足设计要求。其他情况下,可采用表冷器对送风进行降温或设置空气调节系统(设备)。

(4) 房间内发生事故时可能突然放散大量有害物质或有爆炸危险气体时,应设置事故通风。

(5) 防烟系统为人员疏散提供安全保障;排烟系统用于控制烟气蔓延,当燃烧已经被彻底熄灭且不能复燃的情况下,排除火灾房间内的烟气、异味及有害物质,以便于工作人员能进入房间抢修或恢复生产。

5.2.3.1 正常通风

变电站各个功能间通风量的计算,应按照排除余热的方式进行计算或按照换气次数进行计算,计算式分别为式(5.9)和式(5.10)。

$$L = \frac{Q}{0.28c\rho_{aV}(t_p - t_j)} \tag{5.9}$$

$$L = nV \tag{5.10}$$

式中,L 为房间通风量,单位 m^3/h;Q 为设备、电缆散热量,单位 W;c 为空气比热容,取1.01 kJ/(kg·℃);ρ_{aV} 为进排风空气平均密度,单位 kg/m^3;t_j 为进风温度,取室外通风计算温度,单位℃;t_p 为排风温度,单位℃。n 为换气次数,单位次/h;V 为房间体积,单位 m³。

电气设备散热量应由工艺专业提供,当无资料时,可参考以下计算方法。

1. 电气盘柜

电气盘柜的散热量一般由设备制造厂提供,当缺乏数据时可参考表 5.10 取值。

表 5.10　电气盘柜散热量

电气盘柜类别	散热量(W/面)
10 kV 及 35 kV 高压开关柜	200～300
380/220 V 低压配电柜	250～350
保护、控制柜	200～250

2. 电缆散热量

电缆散热量可按下面两种方法计算:

1) 详细计算法

(1) 单根 n 芯电缆散热量计算式为

$$q = \frac{nl\rho_t I^2}{A} \tag{5.11}$$

$$\rho_t = \rho_{20}(1 + \alpha_{20} t) \tag{5.12}$$

式中,q 为单根电缆散热量,单位 W;ρ_t 为电缆温度 t 时的电导率,单位 $\Omega \cdot$ m;n 为单根电缆芯数;l 为电缆长度,单位 m;I 为电缆载流量,单位 A;A 为电缆截面积;ρ_{20} 为 20℃时电缆导体的电阻系数,铜芯 $= 1.84 \times 10^{-8}$ $\Omega \cdot$ m,铝芯 $= 3.1 \times 10^{-8}$ $\Omega \cdot$ m;α_{20} 为 -20℃时电缆导体的电阻温度系数,铜芯 $\alpha_{20} = 0.003931$ ℃$^{-1}$、铝芯 $\alpha_{20} = 0.004031$ ℃$^{-1}$;t 为导线工作温度,取 $t = 60$ ℃。

单根电缆散热量也可通过表 5.11、表 5.12 查得。

(2) 电缆总散热量计算式为

$$Q_1 = K\left(\sum q_i\right) \tag{5.13}$$

式中,Q_1 为电缆总散热量,单位 W;K 为电流参差系数,取 0.85～0.95,电缆数量少取大值,电缆数量多取小值;N 为电缆总根数;单位 q_i 为第 1 根…第 N 根电缆散热量,单位 W。

2) 估算法

电缆散热量为

$$Q_1 = \sum q'_i C_i n_i \tag{5.14}$$

式中,C_i 为第 1 规格……第 N 规格电缆散热损失系数,根据电缆性质从表 5.13

中选择；n_i 为第 1 规格……第 N 规格电缆数量；q'_i 为第 1 规格……第 N 规格电缆散热量，单位 W。

表 5.11 10 kV 及以下单根铜芯电缆的最大电流时的散热量

$q(\text{W/m})$

电缆截面积	电压等级		
（mm²）	3 kV 以下	6 kV	10 kV
3×4	16.5		
3×6	18		
3×10	19	13	13
3×16	21.5	14.5	14
3×25	24.5	15	14.5
3×35	24.7	16.5	15
3×50	26	20	16
3×70	31	21	19
3×95	33.5	23	19
3×120	35.5	24	21
3×150	40.5	27	22
3×185	41	27.5	22.5
3×240	41.5	28.5	24

表 5.12 110 kV 及 220 kV 电缆单根铜芯电缆的最大电流时的散热量

$q(\text{W/m})$

电缆截面积	110 kV	电缆截面积	220 kV
（mm²）		（mm²）	
240	30.6	630	27.8
300	29.6	800	26.2
400	26.9	1000	25.6
500	25.7	1200	24.3
630	24.0	1400	23.0
800	21.8	1600	22.1
1000	20.8	1800	21.0
1200	19.2	2000	20.5
		2200	19.4
		2500	18.6

表 5.13　电缆散热损失系数 C

序号	电缆的用途	C
1	110、220 kV	0.85~0.95
2	6~10 kV 发电机出线电缆	0.8~0.9
3	6~10 kV 主变压器电缆	0.8~0.9
4	3~10 kV 主变压器电缆	0.6~0.8
5	3(6) kV 厂用电动机馈线(200 kW 以下)	0.2~0.3
6	3(6) kV 厂用电动机馈线(200~400 kW 以下)	0.4~0.6
7	引至 380 V 电动机和车间动力盘的电缆	
	同一电路只一根电缆	0.6~0.8
	5~10 根电缆	0.5~0.7
	10~20 根电缆	0.4~0.6
	200 根以上电缆	0.35~0.4

3. 变压器散热量

变压器的散热量由负载功率损耗(短路损耗)和空载功率损耗两部分组成,按下式计算:

$$Q = P_{ul} + P_{lo} \qquad (5.15)$$

式中,Q 为变压器散热量,单位 W;P_{ul} 为变压器空载功率损耗,单位 W;P_{lo} 为变压器负载功率损耗,单位 W。

干式变压器的负载功率损耗和空载功率损耗应由设备制造厂提供,当缺乏数据时,可按相关手册中关于电气设备节能要求参数取值。设置互备或专备变压器时,散热量为运行变压器的散热量与互备或专备变压器的空载功率损耗之和。

4. 电抗器散热量

电抗器的散热量按下式计算:

$$Q = \eta_1 \eta_2 P \qquad (5.16)$$

式中,Q 为电抗器散热量,单位 W;η_1 为利用系数,取 0.95;η_2 为负荷系数,取 0.75;P 为额定功率下电抗器的功率损耗应由设备制造厂提供,当缺乏数据时,可按表5.14取值。

表 5.14　额定功率下电抗器的功率损耗表

电抗器型号	功率损耗（W）	电抗器型号	功率损耗（W）	电抗器型号	功率损耗（W）	电抗器型号	功率损耗（W）
NKL-6-150-4	4080	NKL-6-500-4	8580	NKSL-6-150-3	2700	NKSL-10-400-5	10350
NKL-6-150-5	4680	NKL-6-500-5	9870	NKSL-6-150-4	4080	NKSL-10-400-6	14220
NKL-6-150-6	5400	NKL-6-500-6	11670	NKSL-6-150-5	4650	NKSL-10-400-8	15030
NKL-6-150-8	6690	NKL-6-500-8	17100	NKSL-6-150-6	5400	NKSL-10-500-5	16920
NKL-6-150-10	7500	NKL-6-500-10	18810	NKSL-6-150-8	6690	NKSL-10-500-6	18870
NKL-6-200-4	5200	NKL-6-600-4	8430	NKSL-6-600-5	10500	NKSL-10-500-8	22740
NKL-6-200-5	6150	NKL-6-600-5	12720	NKSL-6-600-6	11800	NKSL-10-750-5	18540
NKL-6-200-6	7050	NKL-6-600-6	14880	NKSL-6-600-8	14580	NKSL-10-750-6	20310
NKL-6-200-8	8640	NKL-6-600-8	17625	NKSL-10-150-3	4650	NKSL-10-750-8	24300
NKL-6-200-10	10020	NKL-6-600-10	20400	NKSL-10-150-4	5550	NKSL-10-800-5	16610
NKL-6-300-4	7020	NKL-6-750-5	12630	NKSL-10-150-5	6720	NKSL-10-800-6	21570
NKL-6-300-5	7740	NKL-6-750-6	15450	NKSL-10-150-6	7500	NKSL-10-800-8	25900
NKL-6-300-6	8730	NKL-6-750-8	18090	NKSL-10-150-8	8940	NKSL-10-800-10	21730
NKL-6-300-8	10860	NKL-6-750-10	20310	NKL-10-200-4	7300	NKSL-10-1000-8	25950
NKL-6-400-4	8700	NKL-10-150-3	4650	NKL-10-200-5	8700	NKSL-10-1000-10	31740
NKL-6-400-5	9990	NKL-10-150-4	5580	NKL-10-200-6	10020	NKSL-10-1500-6	25460
NKL-6-400-6	10200	NKL-10-150-5	6720	NKL-10-200-8	11970	NKSL-10-1500-8	31500
NKL-6-400-8	12150	NKL-10-150-6	7500	NKL-10-200-10	14700	NKSL-10-1500-10	35530
NKL-6-400-10	14280	NKL-10-150-8	8940	NKSL-10-200-5	6990		
NKSL-6-200-5	4890	NKSL-6-400-5	9240	NKSL-10-200-6	7760		
NKSL-6-200-6	5460	NKSL-6-400-6	9450	NKSL-10-200-8	9360		
NKSL-6-200-8	6660	NKSL-6-400-8	10900				

5.2.3.2　事故通风

事故通风是保证安全生产和保障人民生命安全的一项必要的措施。对生产、工艺过程中可能突然放散有害气体的建筑物，在设计中均应设置事故排风系统。

事故通风系统的设置应符合下列规定：

（1）放散有爆炸危险的可燃气体、粉尘或气溶胶等物质时，应设置防爆通风系统或诱导式事故排风系统；

（2）具有自然通风的单层建筑物，所放散的可燃气体密度小于室内空气密度时，宜设置事故送风系统；

（3）事故通风可由经常使用的通风系统和事故通风系统共同保障。

（4）事故通风量宜根据工艺设计条件通过计算确定，且换气次数不应小于 12 次/h。房间计算体积应符合下列规定：

① 当房间高度小于或等于 6 m 时，应按房间实际体积计算；

② 当房间高度大于 6 m 时，应按 6 m 的空间体积计算。

（5）事故排风的吸风口应设在有毒气体或爆炸危险性物质放散量可能最大或聚集最多的地点。对事故排风的死角处应采取导流措施。

（6）事故排风的排风口应符合下列规定：

① 不应布置在人员经常停留或经常通行的地点。

② 排风口与机械送风系统的进风口的水平距离不应小于 20 m；当水平距离不足 20 m 时，排风口应高于进风口，并不得小于 6 m。

③ 当排气中含有可燃气体时，事故通风系统排风口距可能火花溅落地点应大于 20 m。

④ 排风口不得朝向室外空气动力阴影区和正压区。

（7）工作场所设置有毒气体或爆炸危险气体监测及报警装置时，事故通风装置应与报警装置连锁。

（8）事故通风的通风机应分别在室内及靠近外门的外墙上设置电气开关。

（9）设置有事故排风的场所不具备自然进风条件时，应同时设置补风系统，补风量宜为排风量的 80%，补风机应与事故排风机连锁。

5.2.3.3　排烟系统

建筑排烟系统的根本目的在于有效迅速的排除烟气，阻止烟气从着火区域向其他区域蔓延扩散。建筑排烟系统的设计应根据建筑的使用性质、平面布局等因素，优先采用自然排烟系统。

1. 防烟分区

（1）设置排烟系统的场所或部位应利用挡烟垂壁、结构梁及隔墙等划分防烟分区。防烟分区不应跨越防火分区，同一个防烟分区应采用同一种排烟方式。

（2）挡烟垂壁等挡烟分隔设施的深度不应小于储烟仓厚度，对于有吊顶的空间，当吊顶开孔不均匀或开孔率小于或等于 25% 时，吊顶内空间高度不得计入储烟仓厚度。

（3）防烟分区的最大允许面积及其长边最大允许长度应符合表 5.15 的规定，当采用自然排烟系统时，其防烟分区的长边长度尚不应大于建筑内空间净高的

8倍。

表 5.15 防烟分区的最大允许面积及其长边最大允许长度

空间净高 H(m)	最大允许面积(m^2)	长边最大允许长度(m)
$H \leqslant 3.0$	500	24
$3.0 < H \leqslant 6.0$	1000	36
$H > 6.0$	2000	60;具有自然对流条件时,不应大于 75 m

注:① 走道宽度不大于 2.5 m 时,其防烟分区的长边长度不应大于 60 m。

② 当空间净高大于 9 m 时,防烟分区之间可不设置挡烟设施。

③ 当站内设有汽车库时,防烟分区的划分及其排烟量应符合现行国家规范《汽车库、修车库、停车场设计防火规范》(GB 50067—2014)的相关规定。

2. 机械排烟设施

(1) 当建筑的机械排烟系统沿水平方向布置时,每个防火分区的机械排烟系统应独立设置,系统中的风机、风口、风管都独立设置。防止火灾在不同防火分区蔓延,且有利于不同防火分区烟气的排出。

(2) 排烟系统与通风、空气调节系统应分开设置;当确有困难时可以合用,但应符合排烟系统的要求,且当排烟口打开时,每个排烟合用系统的管道上需联动关闭的通风和空气调节系统的控制阀门不应超过 10 个。当排烟系统与通风、空调系统合用同一系统时,在控制方面应采取必要的措施,避免系统的误动作。系统中的设备包括风口、阀门、风道、风机要符合防火要求,风管的保温材料采用不燃材料。

(3) 排烟风机宜设置在排烟系统的最高处,烟气出口宜朝上,并应高于加压送风机和补风机的进风口,送风机的进风口与排烟风机的出风口应分开布置,竖向布置时,送风机的进风口应设置在排烟出口的下方,其两者边缘最小垂直距离不应小于 6.0 m;水平布置时,两者边缘最小水平距离不应小于 20.0 m。

(4) 排烟风机的设置应符合现行防火规范的规定。在专用机房内设置时,风机两侧应有 600 mm 以上的空间。对于排烟系统与通风空气调节系统共用的系统,其排烟风机与排风风机的合用机房应符合下列规定:

① 机房内应设置自动喷水灭火系统;

② 机房内不得设置用于机械加压送风的风机与管道;

③ 排烟风机与排烟管道的连接部件应能在 280 ℃时连续 30 min 保证其结构完整性。

(5) 排烟风机应满足 280 ℃时连续工作 30 min 的要求,排烟风机应与风机入口处的排烟防火阀连锁,当该阀关闭时,排烟风机应能停止运转。

(6) 机械排烟系统应采用管道排烟,且不应采用土建风道。排烟管道应采用不燃材料制作且内壁应光滑。当排烟管道内壁为金属时,管道设计风速不应大于20 m/s;当排烟管道内壁为非金属时,管道设计风速不应大于 15 m/s;排烟管道的厚度应按现行国家标准《通风与空调工程施工质量验收规范》(GB 50243—2016)的有关规定执行。

(7) 排烟管道的设置和耐火极限应符合下列规定:

① 排烟管道及其连接部件应能在 280 ℃时连续 30 min 保证其结构完整性。

② 竖向设置的排烟管道应设置在独立的管道井内,排烟管道的耐火极限不应低于 0.50 h。

③ 水平设置的排烟管道应设置在吊顶内,其耐火极限不应低于 0.50 h;当确有困难时,可直接设置在室内,但管道的耐火极限不应小于 1.00 h。

④ 设置在走道部位吊顶内的排烟管道,以及穿越防火分区的排烟管道,其管道的耐火极限不应小于 1.00 h,但设备用房和汽车库的排烟管道耐火极限可不低于 0.50 h。

(8) 当吊顶内有可燃物时,吊顶内的排烟管道应采用不燃材料进行隔热,并应与可燃物保持不小于 150 mm 的距离。

(9) 排烟管道下列部位应设置排烟防火阀:

① 垂直风管与每层水平风管交接处的水平管段上;

② 一个排烟系统负担多个防烟分区的排烟支管上;

③ 排烟风机入口处;

④ 穿越防火分区处。

(10) 设置排烟管道的管道井应采用耐火极限不小于 1.00 h 的隔墙与相邻区域分隔;当墙上必须设置检修门时,应采用乙级防火门。

(11) 排烟口的设置应经计算确定,且防烟分区内任一点与最近的排烟口之间的水平距离不应大于 30 m。除第 12 条规定的情况以外,排烟口的设置尚应符合下列规定:

① 排烟口宜设置在顶棚或靠近顶棚的墙面上。

② 排烟口应设在储烟仓内,但走道、室内空间净高不大于 3 m 的区域,其排烟口可设置在其净空高度的 1/2 以上;当设置在侧墙时,吊顶与其最近边缘的距离不应大于 0.5 m。

③ 对于需要设置机械排烟系统的房间,当其建筑面积小于 50 m² 时,可通过走道排烟,排烟口可设置在疏散走道;排烟量应通过计算确定。

④ 火灾时由火灾自动报警系统联动开启排烟区域的排烟阀或排烟口,应在现场设置手动开启装置。

⑤ 排烟口的设置宜使烟流方向与人员疏散方向相反,排烟口与附近安全出口

相邻边缘之间的水平距离不应小于 1.5 m。

⑥ 每个排烟口的排烟量不应大于最大允许排烟量,最大允许排烟量应经计算确定。

⑦ 排烟口的风速不宜大于 10 m/s。

(12) 当排烟口设在吊顶内且通过吊顶上部空间进行排烟时,应符合下列规定:

① 吊顶应采用不燃材料,且吊顶内不应有可燃物;

② 封闭式吊顶上设置的烟气流入口的颈部烟气速度不宜大于 1.5 m/s;

③ 非封闭式吊顶的开孔率不应小于吊顶净面积的 25%,且开孔应均匀。

3. 补风系统

(1) 除地上建筑的走道或建筑面积小于 500 m² 的房间外,设置排烟系统的场所应设置补风系统。补风系统应直接从室外引入空气,且补风量不应小于排烟量的 50%。机械补风口的风速不宜大于 10 m/s,人员密集场所补风口的风速不宜大于 5 m/s;自然补风口的风速不宜大于 3 m/s。

(2) 补风系统可采用疏散外门、手动或自动可开启外窗等自然进风方式以及机械送风方式。防火门、窗不得用作补风设施。风机应设置在专用机房内。

(3) 补风口与排烟口设置在同一空间内相邻的防烟分区时,补风口位置不限;当补风口与排烟口设置在同一防烟分区时,补风口应设在储烟仓下沿以下;补风口与排烟口水平距离不应少于 5 m。

(4) 补风系统应与排烟系统联动开启或关闭。

(5) 补风管道耐火极限不应低于 0.50 h,当补风管道跨越防火分区时,管道的耐火极限不应小于 1.50 h。

4. 设计要点

(1) 排烟系统的设计风量不应小于该系统计算风量的 1.2 倍。

(2) 除中庭外下列场所一个防烟分区的排烟量计算应符合下列规定:

① 建筑空间净高小于或等于 6 m 的场所,其排烟量应按不小于 60 m³/(h·m²) 计算,且取值不小于 15000 m³/h,或设置有效面积不小于该房间建筑面积 2% 的自然排烟窗(口)。

② 空间净高大于 6 m 的场所,其每个防烟分区排烟量计算可参考《建筑防烟排烟系统技术标准》(GB 51251—2017)中提供的计算方法。

(3) 配备全淹没气体灭火系统房间的通风、空调系统应符合下列规定:

① 应与消防控制系统联锁,当发生火灾时,在消防系统喷放灭火气体前,通风空调设备的防火阀、防火风口、电动风阀及百叶窗应能自动关闭;

② 应设置灭火后机械通风装置,排风口宜设在防护区的下部并应直通室外,

通风换气次数应不少于每小时 6 次。

（4）防排烟系统中的管道、风口及阀门等应采用不燃材料制作。管道在穿越隔墙、楼板的缝隙处应采用不燃烧材料封堵。当排烟管道布置在吊顶内时，应采用不燃材料隔热，并与可燃物保持不小于 150 mm 的距离。

（5）设置感烟探测器区域的防火阀应选用防烟防火阀，并与消防信号连锁。

（6）机械排烟系统与通风、空调系统宜分开设置。当合用时，应符合排烟系统的要求。

（7）设置在地下、半地下的电缆夹层应设置机械排烟系统，机械排烟系统的排烟量及其他要求要符合《建筑设计防火规范》（GB 50014）和《建筑防烟排烟系统技术标准》（GB 51251—2017）等防火规范的相关要求。

（8）设置机械排烟系统的区域应同时设置补风系统，当自然补风风量不能满足要求时应设置机械补风，补风量宜为排风量的 80%，补风机应与事故排风机连锁。机械补风风机和排烟风机应采用双路电源。

（9）通风、空气调节系统的风管在下列部位应设置公称动作温度为 70 ℃的防火阀：

① 穿越防火分区处；

② 穿越通风、空气调节机房的房间隔墙和楼板处；

③ 穿越重要或火灾危险性大的场所的房间隔墙和楼板处；

④ 穿越防火分隔处的变形缝两侧；

⑤ 竖向风管与每层水平风管交接处的水平管段上。

当建筑内每个防火分区的通风、空气调节系统均独立设置时，水平风管与竖向总管的交接处可不设置防火阀。

5.2.3.4　风管设计计算

为使设计中选用的风管截面尺寸标准化，为施工、安装和维护管理提供方便，为风管及零部件加工工厂化创造条件，通风和空气调节系统风管的截面尺寸宜按现行国家标准《通风与空调工程施工质量验收规范》（GB 50243—2016）的规定执行，矩形风管长、短边之比不应超过 10。风管宜采用金属材料制作，风管材料的防火性能应符合现行防火规范的有关规定，风管材料的防腐蚀性能应能抵御所接触腐蚀性介质的危害，需防静电的风管应采用金属材料制作。风管壁厚应根据风管材质、风管断面尺寸、风管使用条件等因素确定，且不应小于现行国家标准《通风与空调工程施工质量验收规范》（GB 50243—2016）中有关最小壁厚的要求。系统漏风量应通过选择风管材料以及风管制作工艺控制，系统漏风率不宜超过 5%。通风、空调系统风管各环路的压力损失应进行水力平衡计算，各并联环路压力损失的相对差额不宜超过 15%，当通过调整管径仍无法满足要求时，宜设置风量调节装置。风管设计风速宜按表 5.16 采用。

表 5.16　一般工业建筑机械通风系统中风管设计风速取值

（m/s）

风管类别	金属及非金属风管	砖及混凝土风管
干管	6~14	4~12
支管	2~8	2~6

通风空调系统中各类风口风速可参考表 5.17 进行选择。

表 5.17　通风系统中风口设计风速取值

（m/s）

风口类别	风速	风口类别	风速
自然通风进风百叶	0.5~1.0	自然通风排风口	0.5~1.0
自然通风地面出风口	0.2~0.5	自然通风顶棚出风口	0.5~1.0
机械通风新风入口	4.5~5.0	机械通风风机出口	8.0~14.0
机械加压系统送风口	不宜大于 7	排烟口	不宜大于 10
机械补风口	不宜大于 10	自然补风口	不宜大于 3

注：风口风速应按实际有效面积计算，风口的遮挡系数当采用防雨百叶时系数取 0.6，当采用一般百叶风口时系数取 0.8。

5.2.4　空气调节

变电站空气调节系统设置的目的在于为保障工艺设备的正常运行、运行人员工作和生活提供适宜的室内环境。

空调系统按设备集中程度可分为集中式系统、半集中式系统、分散式系统；按空气处理方式分为封闭式系统、直流式系统、混合式系统；按输送介质方式分为全空气系统、全水系统、空气－水系统、制冷剂系统。

变电站各个功能用房空气调节系统可采用全空气集中式空调系统、多联空调系统及分散式分体空调系统，办公和会议等舒适性空调区空调系统形式可采用全空气集中式空调系统、空气－水集中式空调系统、多联空调系统及分散式分体空调系统。系统选择原则如下：

（1）空调系统的形式应根据建筑物（或房间）体积、当地气候、电气和通信设备对室内温湿度环境要求、设备布置、投资费用、运行和维护费用及便利性等因素，进行技术经济比较后确定。

（2）对于高温、高湿地区，单体建筑物体积较大或电气及通信设备间较多时宜采用全空气集中式空调系统；对于允许冷（热）水管进入的房间如办公室、会议室、交接班室等可设置空气-水集中式空调系统。集中式空调系统优先考虑采用天然冷源，当天然冷源不满足设计要求时，则选用人工冷源。对于全空气系统，在干燥地区，宜优先考虑采用直接蒸发冷却，对空气进行绝热加湿处理；如室内空气的相对湿度无法保证，则应采用表冷器冷却。

（3）单体建筑物体积较小或电气和通信设备间较少时，宜设置分散式空调。

（4）当建筑物体量较大、就近布置分体空调室外机困难或者制冷剂管超长时，宜采用多联空调系统。

5.2.4.1 设计计算

空调负荷是空气调节系统设计中的最基本依据，也是确定空调系统的风量和空调设备装置容量的基本依据，并直接影响空调系统的经济性和建筑节能。空调负荷包括冷负荷、热负荷和湿负荷。空调系统负荷计算可采用软件计算或根据理论计算方法逐步手算。常用空调负荷计算软件包括 PKPM、鸿业、天正、华电源等。理论计算按《工业建筑供暖通风与空气调节设计规范》（GB 50019—2015）第八章的相关规定进行，电气设备散热量应由工艺专业提供，当无资料时，可参见本章有关设备散热量的计算内容。

1. 热负荷计算

空气调节区的冬季热负荷应按供暖负荷的规定计算，室外计算参数应采用冬季空气调节室外计算参数。

2. 冷负荷计算

空气调节区的夏季计算得热量应包括下列内容：

（1）通过围护结构传入的热量；

（2）通过围护结构透明部分进入的太阳辐射热量；

（3）人体散热量；

（4）照明散热量；

（5）设备、器具、管道及其他内部热源的散热量；

（6）食品或物料的散热量；

（7）室外渗透空气带入的热量；

（8）伴随各种散湿过程产生的潜热量；

（9）非空调区或其他空调区转移来的热量。

24 h 连续生产时，生产工艺设备散热量、人体散热量、照明灯具散热量可按稳态传热方法计算；非连续生产时，生产工艺设备散热量、人体散热量、照明灯具散热量,以及通过围护结构进入的非稳态传热量、透过透明围护结构进入的太阳辐射热量等形成的冷负荷应按非稳态传热方法计算确定,不应将得热量的逐时值直接作为各相应时刻冷负荷的即时值。

夏季计算围护结构传热量时,室外或邻室计算温度应符合下列规定:

(1) 对于外窗或其他透明部分,应采用夏季空气调节室外计算逐时温度。

(2) 对于外墙和屋顶,应采用室外计算逐时综合温度。

(3) 对于室温允许波动范围大于或等于±1.0℃的空气调节区,其非轻型外墙的室外计算温度可采用近似室外计算日平均综合温度。

(4) 对于隔墙、楼板等内围护结构,当邻室为非空气调节区时,可采用邻室计算平均温度计算。

外墙和屋顶传热形成的逐时冷负荷宜按式(5.17)。当屋顶处于空气调节区之外时,屋顶传热形成的冷负荷应在下式计算结果上进行修正:

$$CL = KF(t_{c(\tau)} - t_n) \tag{5.17}$$

式中,CL 为外墙或屋顶传热形成的逐时冷负荷(W);K 为传热系数[W/(m²·℃)];F 为传热面积(m²);$T_{c(\tau)}$ 为外墙或屋顶的逐时冷负荷计算温度(℃),数值计算方法可参考《工业建筑供暖通风与空气调节设计规范》(GB 50019—2015)或相关设计手册;t_n 为夏季空气调节室内设计温度(℃)。

对于室温允许波动范围大于或等于±1.0℃的空气调节区,其非轻型外墙传热形成的冷负荷可按下式计算:

$$CL = KF(t_{zp} - t_n) \tag{5.18}$$

式中,CL 为外墙或屋顶传热形成的逐时冷负荷(W);K 为传热系数[W/(m²·℃)];F 为传热面积(m²);t_{zp} 为夏季空气调节室外计算日平均综合温度(℃);

外窗温差传热形成的逐时冷负荷宜按式(5.19)计算:

$$CL = KF(t_{c(\tau)} - t_n) \tag{5.19}$$

式中,CL 为外窗温差传热形成的逐时冷负荷(W);K 为传热系数[W/(m²·℃)];F 为传热面积(m²);$T_{c(\tau)}$ 为外窗的逐时冷负荷计算温度(℃),数值计算方法可参考《工业建筑供暖通风与空气调节设计规范》(GB 50019—2015)或相关设计手册。

空气调节区与邻室的夏季温差大于3℃时,宜按下式计算通过隔墙、楼板等内围护结构传热形成的冷负荷:

$$CL = KF(t_{ls} - t_n) \tag{5.20}$$

式中,CL 为内围护结构传热形成的冷负荷(W);K 为传热系数[W/(m²·℃)];F 为传热面积(m²);t_{ls} 为邻室计算平均温度(℃),可按下式计算。

$$t_{ls} = t_{wp} + \Delta t_{ls} \tag{5.21}$$

式中,Δt_{ls} 为邻室计算平均温度与夏季空调室外计算平均温度的差值(℃),可按表

5.18 选择。

表 5.18　邻室计算平均温度与夏季空调室外计算平均温度的差值

邻室散热强度(W/m^3)	Δt_{1s}(℃)
很少(如办公室走廊)	0~2
<23	3
23~116	5
>116	7

透过玻璃窗进入室内的日射得热形成的逐时冷负荷可以按下式计算:

$$CL = C_a A_w C_s C_i D_{j,\max} C_{LQ}$$

(5.22)

式中,CL 为透过玻璃窗的日射得热形成的冷负荷,单位 W;A_w 为窗口有效面积,单位 m^2;C_a 为有效面积系数;C_s 为窗玻璃的修正系数;C_i 为内遮阳设施的修正系数;$D_{j,\max}$ 为日射得热因数的最大值;C_{LQ} 为窗玻璃冷负荷系数;

计算设备、人体、照明等散热形成的冷负荷时,应根据空气调节区蓄热特性、不同使用功能和设备开启时间,分别选用适宜的设备功率系数、同时使用系数、通风保温系数、人员群集系数,有条件时宜采用实测数值。当设备、人体、照明等散热形成的冷负荷占空气调节区冷负荷的比率较小时,可不计及空气调节区蓄热特性的影响。

变电站内电气设备 24 小时连续工作的功能间,生产工艺设备散热量、人体散热量、照明灯具散热量可按稳态传热方法计算;非连续工作的功能间,生产工艺设备散热量、人体散热量、照明灯具散热量,以及通过围护结构进入的非稳态传热量、透过透明部分进入的太阳辐射热量等形成的冷负荷应按非稳态传热方法计算确定,且不应将得热量的逐时值直接作为各相应时刻冷负荷的即时值。

空调系统冷负荷除包括空气调节区负荷外,还包括新风冷负荷、附加冷负荷,包括空气通过风机和风管的温升、风管的漏风量附加、制冷设备和冷水系统的冷量损失、孔洞渗透冷量损失。

3. 湿负荷计算

变电站空气调节区的夏季计算散湿量主要包括人体散湿量和渗透空气散湿量,确定散湿量时应根据实际情况分别选择适宜的人员群集系数和通风系数,有条件时,应采用实测数值。

5.2.4.2　空调设备

1. 集中空调系统冷源

空气调节系统常见冷源包括天然冷源和人工冷源。天然冷源是指低于环境温度的天然事物,包括地道风、深井水等。人工冷源是目前应用最为广泛的冷源形式,包括蒸汽压缩式制冷、吸收式制冷和蒸汽喷射式制冷。据制冷设备的工作原理可划分为电动压缩式制冷机、吸收式制冷机和蒸汽喷射式制冷机三类。

(1) 蒸汽压缩式制冷

蒸汽压缩式制冷压缩机按结构来划分则可以分为活塞式、涡旋式、螺杆式、离心式。其内部由压缩机、冷凝器、膨胀阀和蒸发器等部件组成,通过管道组成一个封闭的循环系统。制冷剂在其中经历蒸发吸热、压缩、冷凝散热和节流四个热力过程,周而复始,循环往复。制冷剂在蒸发器中蒸发吸热,通过载冷剂(水或制冷剂)源源不断地输送到空调处理机房或空调房间的空调末端设备,对空调房间进行热湿处理,维持房间温湿度的稳定。

(2) 吸收式制冷

吸收式制冷原理和蒸汽压缩式制冷有相同之处,都是利用液态制冷剂在低温、低压条件下,蒸发吸收载冷剂携带的热量,产生制冷效应。所不同的是,在吸收式制冷机中利用二元溶液在不同压力和温度下能够吸收和释放制冷剂的原理来进行循环的。吸收式制冷机以沸点不同而相互溶解的两种物质的溶液为工质,其中高沸点组分为吸收剂,低沸点组分为制冷剂,制冷剂在低压时沸腾产生蒸汽,使自身得到冷却。吸收剂遇冷时吸收制冷剂所产生的蒸汽,受热时将蒸汽放出,热量由冷却水带走,形成制冷循环。

(3) 蒸汽喷射式制冷

蒸汽喷射式制冷是直接以热能为动力的制冷机。用一台喷射器来代替一台压缩机,依靠蒸汽喷射器的作用完成制冷循环的制冷机。它由蒸汽喷射器、蒸发器和冷凝器(即凝汽器)等设备组成,依靠蒸汽喷射器的抽吸作用在蒸发器中保持一定的真空,使水在其中蒸发而制冷。

(4) 热泵

热泵是一种将低温热源的热能转移到高温热源的装置,其工作原理与压缩式制冷机是一致的。在小型空调器中,为了充分发挥它的效能,在夏季空调降温或在冬季取暖,都是使用同一套设备来完成的,通过一个换向阀来实现蒸发器与冷凝器的转换。

2. 空气处理机组

空气处理机组是全空气集中式空调系统的关键设备,机组具备的功能包括空气的加热冷却、加湿减湿、空气净化、消除噪声、控制新风/排风/回风的比例。空气处理机组采用功能段组合式结构,一般由回风段、排风/新风调节及回风/新风混合段、过滤段、表冷段、辅助加热段、加湿段、消声段、风机段、中间检修段、送风段等组成。

3. 末端设备

空气调节系统常见末端设备包括各类风口、风机盘管、辐射板等。风口形式包括散流器、百叶风口、条缝型风口、喷口、空气分布器等；风机盘管机组由风机、表面式热交换器（盘管）、过滤器组成，按结构形式可分为立式、卧式、立柱式、壁挂式和顶棚（卡）式；辐射板是利用热水、蒸汽、燃气、燃油、电、冷水、蒸发剂（氟利昂、液氨）等介质将工作元件加热或冷却，达到向房间进行辐射供暖或者辐射供冷的目的。

4. 多联空调系统

多联机系统由一组室外机通过制冷剂配管（管道、管道分支配件等）连接多台室内机，室外机采用风冷换热，由压缩机、换热盘管、风机、控制设备等组成；室内机由换热盘管、风机、电子膨胀阀等组成，按其外形分为壁挂式、风管天井式、吊顶落地式、一面出风嵌入式、两面出风嵌入式、四面出风嵌入式等机型；自动控制器件通过控制压缩机的制冷剂循环量和进入室内各个换热器的制冷剂流量，可以适时地满足室内冷热负荷要求。

5. 分散式空调设备

分散式空调系统利用风（水）冷分体式空调机组承担空调房间的冷负荷，空调机组由室外机和室内机组成。

6. 除湿设备

空气的除湿方法有多种，如：加热通风法、冷却除湿法、液体吸湿剂除湿和固体吸湿剂除湿等。

冷冻除湿机由制冷系统与送风装置组成，其工作原理是由制冷系统的蒸发器将要处理的空气冷却除湿，再由制冷系统的冷凝器把冷却除湿后的空气加热后送出。

转轮除湿机是一种固体吸湿剂除湿设备，是由除湿转轮、传动机构、外壳、风机与再生电加热器组成的。利用含有氯化锂和氯化锰晶体的石棉纸来吸收空气中的水分。吸湿纸做的转轮缓慢转动，被处理空气流过3/4面积的蜂窝状通道被除湿，再生空气经过滤器与加热器进入另1/4面积通道，带走吸湿纸中的水分排出室外。

5.2.4.3 设备及管道布置

1. 多联机系统

（1）多联机空调系统工程中选用的多联式空调（热泵）机组及新风处理设备应符合《建筑节能与可再生能源利用通用规范》（GB 55015—2021）、《多联式空调（热泵）机组》（GB/T 18837—2015）、《热回收新风机组》（GB/T 21087—2020）和《多联式空调（热泵）机组能效限定值及能源效率等级》（GB 21454—2021）等规范的要求。

（2）多联机空调室外机应布置在室外通风良好的位置，并尽量避开建筑出入口、人员、设备运输通道等位置。当室外机出风口受到屋檐等建筑构件遮挡时，可安装风帽及气流导向格栅。在有冰雪覆盖的场合安装室外机组时，应在室外机组的排风口和进风口加装防雪罩，并设置较高的底座或基础。

（3）室外机组应安装在水平且可承重的基础上，基础的高度应大于 100 mm，其长度和宽度应根据室外机组的机型和台数确定。室外机组与基础之间应接触紧密，并应根据产品制造商技术文件的要求，在室外机组与基础之间安装减振部件；当无明确要求时，室外机组与基础之间的减振部件可采用 5～10 mm 厚的橡胶板或波纹型橡胶减振垫，并应沿室外机组长度方向充分设置，不应只在固定点设置。

（4）室外机的位置应保证配管长度最短，配管的等效长度不宜超过 70 m 或通过产品制造商提供的技术资料进行核定。当室外机组安装在墙上时，应采用钢结构墙挂式支架基础对室外机组进行固定，其做法和强度应经过计算确定。

（5）制冷剂管穿屋面如设套管，待制冷剂管安装后，套管出口应采用防火材料进行密封。制冷剂管及电缆应排列整齐，当管道和电缆较多时，宜布置在槽盒或桥架内。当室外机安装在屋面时，屋面宜设置照明和生活水管及水龙头，以方便夜间巡视、故障处理以及设备检修和清洗。

（6）室外机组基础周围应有排水措施，以排出凝结水和融霜水，并避免在人常走动的地方排水。在室外机组安装施工时，不应破坏屋面等处的防水层；配管需穿越的楼板、外墙处应有密封防水处理措施。

（7）安装室内机组时，应选择合适位置，确保有必需的送风、检修空间，并保证整体的美观性。空调室内机的布置应避免室内温度场的失衡，空调送风不应直接吹向电气盘柜，以免盘柜表面凝露，空调室内机及送风口不应布置在电气盘柜正上方。

（8）室内机组应独立固定，不应与其他设备、管线共用支、吊架或悬挂在其他专业的吊架上。吊装时应使用四根吊杆，吊杆采用直径不小于 M8 的丝杆（螺纹杆）；吊杆长度超过 1.5 m 时，应采取相应措施防止运行时出现晃动。当室内机组吊装在封闭吊顶内时，室内机组的电控箱位置处应预留不小于 450 mm×450 mm 的检修口。

（9）空调冷凝水应收集后集中排放至室外雨水井、下水管和室内地漏、水池等排水设施，室内布置的立管需要进行掩蔽处理或预埋在墙体内；凝结水管道应保证坡度顺直，避免与其他管线交叉，管道吊架的固定卡子高度应当可以调节，并在绝热层外部固定；凝结水管不应与制冷剂管道捆绑在一起；在凝结水管道穿墙体或楼板处应设保护套管，管道接缝不应置于套管内，保护套管应与墙面或楼板底面平齐,穿楼板时要高出地面 20 mm,且不应影响管道的坡度;管道与套管的空隙应用柔性不燃材料填塞,不应将套管作为管道的支承物。

2. 分散式空调设备

(1) 空调室外机应布置布置在室外通风良好的位置,并尽量避开建筑出入口、人员、设备运输通道等位置。

(2) 室内外机之间连接铜管的最长距离不宜超过 15 m,室内外机之间的最大允许高差有两种情况:

① 当室内机高于室外机时,不应超过 10 m;

② 当室内机低于室外机时,不应超过 5 m。

(3) 连接室内外机的制冷剂管和冷凝水管的布置,应尽量减少对室内和外墙立面美观的影响,必要时可对沿墙面敷设的制冷剂管、冷凝水管加设槽盒或进行掩蔽处理。

(4) 室外机布置在屋面时,制冷剂管穿屋面应设套管。待制冷剂管安装后,套管出口应采用防火或其他防水材料进行严密封堵。

(5) 空调冷凝水应接至排水系统,不得散排,排水立管不宜布置在建筑主立面。

(6) 空调室内机的布置应避免室内温度场的失衡。同时空调送风不应直接吹向电气盘柜,以免盘柜表面凝露。对于狭长房间,无法通过空调室内机的布置控制室内温度场的均衡时,宜通过风管送风形成合理的气流组织。

3. 全空气空调系统

全空气空调系统的空气处理机组、冷水循环泵、补水定压装置、冷水过滤装置宜布置在专门的机房内。空调机房的位置应尽量位于负荷中心,且便于获取新风的地方,以减少送回风管长度和阻力损失。

(1) 空调机房应有良好的通风、采光设施,寒冷地区的空调机房应设计供暖系统以维持室内一定的温度。宜有一面外墙便于设置新风口和排风口。新风进风口应设置在室外空气较洁净的地点,新风口应考虑防雨措施。在风沙较大地区,新风口不应布置在主导风向上,且新风口应设置防沙百叶或设置沉沙井等防沙措施。排风口也应采取防沙措施。

(2) 空调机房的面积和层高应根据空调机组的尺寸、风机的大小、风管及其它附属设备的布置情况以及保证各种设备、仪表的一定操作距离和管理、检修所需要的通道等因素来确定。设备布置和管道连接应符合工艺流程,并做到排列有序,整齐美观,便于安装、操作与维修。设备与配电盘、围护结构之间的间距应满足相关规范的要求,经常操作的操作面宜有不小于 1.0 m 的距离,需要检修的设备正面要有不小于 0.7 m 的距离。

（3）机房内应考虑排水和地面防水设施，室内应设地漏以及清洗过滤器的水池。

（4）空调机房的门和装拆设备的通道，应考虑能顺利地运入最大的空调构件；若不能由门搬入，则应预留安装孔洞和通道，并应考虑拆换的可能。

（5）空调设备设置在楼板上或屋顶上时，结构的承重应按设备重量和基础尺寸计算，而且应包括设备中运行时的荷载以及保温材料的重量等。

（6）附设在建筑内的通风空气调节机房，应采用耐火极限不低于 2.00 h 的防火隔墙和 1.50 h 的楼板与其他部位分隔。通风、空气调节机房开向建筑内的门应采用甲级防火门。

全空气空调系统的制冷机应根据建筑物的规模、用途、建设地点的能源条件、结构、价格以及国家节能减排和环保政策的相关规定，通过综合论证确定。制冷机组一般不宜少于 2 台。中小型规模的空调系统宜选用 2 台，较大型规模的空调系统宜选用 3 台，特大型则可选用 4 台。机组之间要考虑其互为备用和轮换使用的可能性。同一机房（或站房）内可选用不同类型、不同容量的机组采取搭配的组合式方案，以节约能耗。制冷机房的设计应严格遵守安全规定、节约能源、保护环境、改善操作条件，提高自动化水平，采用国内外先进技术，使设计符合安全生产、技术先进和经济合理等要求。

（1）单独设置制冷机房时，应尽量靠近冷负荷中心，力求缩短冷冻水和冷却水管路，使室外管网布置经济合理。对于选用压缩式制冷机的制冷机房，一般用电负荷较大，因此，应尽量靠近供、配电房间。

（2）大、中型制冷机与控制室中间需设玻璃隔断分开，并做好隔声处理。制冷机房的面积应考虑设备数量、型号、安装和操作维修的方便，制冷机房的净高应根据选用的制冷机种类、型号而定。

（3）制冷机房、设备间和水泵房等室内要有冲刷地面的上、下水设施，地面要有便于排水的坡度，设备易漏水的地方，应设地漏或排水明沟。

（4）制冷机房所有房间的门、窗必须朝同一方向开，对氨制冷机房应设置两个互相尽量远离的出口，其中至少应有一个出口直接通向室外，机房应设有为主要设备安装、维修的大门及通道，必要时可设置设备安装孔。

（5）制冷机房和设备间应有良好的通风采光，设置在地下室的制冷机房应设机械通风、人工照明和相应的排水设施。当周围环境对噪声、振动等有特殊要求时，应考虑建筑隔声、消声和隔振等措施。

5.2.4.4　设计要点

（1）选择空气调节系统时，应根据建筑物的用途、构造形式、规模、使用特点、负荷变化情况与参数要求、所在地区气象条件与能源状况等,通过技术经济比较确定。变电站空气调节方式选择时应对各个功能间的负荷特点、空气洁净度要求、温湿度控制要求、系统运行时间进行区分。对于负荷特点相近、使用时间相同、温湿度控制要求相同的功能间划分为同一个空气调节系统;使用时间、空气洁净度要求和温湿度基数不同的房间,负荷特性相差较大或需要分别同时供冷、供热的房间和区域,以及空气中含有易燃易爆炸物质的房间宜分别设置空气调节系统(设备)。

(2) 面积较大、人员较多的房间以及温湿度允许波动范围小、噪声和洁净度等级要求较高的工艺性房间宜采用全空气定风量空调系统。当各房间热湿负荷变化情况相似、温湿度允许波动范围较宽时,可设置集中共用的全空气空调系统,并采用集中的室内温度控制。全空气定风量单风道空调系统可用于需要恒温、恒湿、一定的洁净度和低噪声要求的场合;全空气定风量双风道空调系统可用于需要对空调区域内单个房间进行温湿度控制或由于建筑物的形状或用途等原因使得冷热负荷分布复杂的场所。对于室内负荷差异较大、变化幅度大、低负荷运行时间较长或内区冬季有大量余热,而且各个空调区需要独立控制温度、对湿度要求不高的场所宜选用全空气变风量空调系统。

全空气空调系统送风量应由该空调系统所担负的各空调房间的风量相加,再加上系统的漏风量即可计算出系统的送风量。系统的漏风量可按风管漏风量和设备漏风量分别计算。风管漏风量取计算风量的 10%,设备漏风量取计算风量的 5%。选择加热器、表冷器等设备时,应附加风管漏风量;选择通风机时应同时附加风管和设备漏风量。

全空气空调系统设计时应充分考虑过渡季节全新风运行,其新风量不应小于下列三项计算风量中的最大值:

① 全部设备室空调系统总送风量的 5%,加上其他人员值班和工作间空调系统总送风量的 10%。

② 满足卫生要求需要的风量,应保证每人不小于 30 m³/h 的新鲜空气。

③ 当电气设备室需要维持一定的正压值时,保持室内正压所需要的风量,室内正压值宜为 5~10。

(3) 当空调房间较多、各房间要求单独控制,且建筑物层高较低的建筑宜采用风机盘管加新风系统,经过处理的新风宜直接送入室内。当房间内空气质量和温湿度要求严格或有较多油烟时不宜采用风机盘管系统。

(4) 多联机系统适用于夏热冬冷地区或长江以南地区常年使用以及严寒和寒冷地区的夏季和冬季集中供暖期以外的补充使用,通常对于空调房间较多、区域划分细致、同时使用率低的建筑较为适用。多联机空调系统的划分应保证经常性使用率或满负荷率处于 40%~80%,可将经常使用和不经常使用的房间划分到同一个系统中。配管实际长度制冷工况下满负荷性能系数不应低于相关规范的要求。

（5）对于空调房间分散、面积较小、噪声要求较低、运行时间不同的场所可采用分体式空调设备；设有集中冷源的大型建筑中少数因使用温度和使用要求不同需要单独运行空调的场合可采用柜式空调。

（6）全年需要进行空气调节，冷热负荷接近或冷负荷较大的场所可采用热泵式空调系统。

5.3　工　程　案　例

5.3.1　建筑概况

本案例为一 220 kV 全户内变电站，站区围墙内用地面积 6656 m²，站内道路 1330 m²，站内总建筑面积 5405 m²。地下一层为主变地下室和电缆夹层，地上一层为主变室、35 kV 配电装置室、电容器室（1、2、3、7、8、9）、二次设备室（二）和 GIS 室，地上二层为资料室、监控室、蓄电池室、二次设备室（一）、电容器室（4、5、6）和机动用房，室外和室内计算参数见表 5.19～5.20。

表 5.19　室外计算参数

冬季空调室外计算温度	−5.2 ℃	夏季空调室外计算干球温度	35.2 ℃
冬季空调室外计算相对湿度	71%	夏季通风室外计算干球温度	31.3 ℃
冬季通风室外设计温度	2.6 ℃	夏季空调室外计算平均温度	31.4 ℃
		夏季通风室外计算相对湿度	67%

表 5.20　室内计算参数

| 冬季室内设计温度 | 18 ℃ | 夏季室内设计温度 | 26 ℃ |
| 室内设计相对湿度 | ≤70% | | |

围护结构传热系数如下：

（1）屋顶传热系数 $K = 0.58$ W/(m² · K)；

（2）外墙传热系数 $K = 0.68$ W/(m² · K)；

（3）外窗高度为 2 m，双层真空玻璃结构，传热系数 $K = 3.0$ W/(m² · K)；

（4）外门高度为 2.5 m，传热系数 $K = 3.5$ W/(m² · K)。

5.3.2　通风系统设计计算

5.3.2.1　一般通风

以变电站一楼电容器室 1、电容器室 2 和电容器室 3 为例,三个电容器室相邻布置,采用同一通风系统,房间面积均为 67.5 m²(7.5 m×9.0 m),根据工艺提供的数据各房间散热量分别为 14680 W、80600 W 和 14680 W。当地夏季室外通风计算温度平均为 31.3 ℃,室内设计温度不高于 40 ℃。查表得空气平均密度为 1.1445(kg/m³),空气比热取值 $c = 1.01$ kJ/(kg・℃)。根据式(5.9),可以得到电容器室 1、2、3 的通风量分别为 5213 m³/h、3045 m³/h 和 5213 m³/h。排风口面积根据式(5.23)进行计算

$$A = \frac{L}{3600 \cdot v \cdot \zeta} \tag{5.23}$$

式中,A 为风口面积,单位 m²;L 为风口通过风量,单位 m³/h;v 为风口界面风速,单位 m/s;ζ 为风口的遮挡系数,一般百叶风口取 0.8,双层百叶风口取 0.75,防雨百叶风口取 0.6。

根据式(5.23)计算得到风口面积后,选择适合尺寸的风口即可。本例中电容器室 1、电容器室 2 和电容器室 3 排风口选择 600×600 的风口 3 个,进风口为 2 个 1500×600 的百叶窗。

风管的阻力可采用详细计算或估算的方法。详细计算中首先绘制风管系统简图,分别计算各段风管的沿程阻力和局部阻力后汇总计算各并联支路的阻力,并验证并联管路的不平衡率小于 15%,满足以上要求后计算最不利管段的的总阻力作为风机选型的参考,因篇幅内容较多,详细计算方法可参考相关设计手册中风管水力计算章节中的计算方法和案例。

一般通风和空气调节系统管网的总压力损失 ΔP 也可按照式(5.24)进行估算。

$$\Delta P = \Delta p_m \cdot l \cdot (1 + k) \tag{5.24}$$

式中,Δp_m 为单位管段长度风管沿程阻力损失,当系统风量 $L < 10000$ m³/h 时,可取 1.0~1.5 Pa/m;风量 $L \geqslant 10000$ m³/h 时,可按照选定的风速查风管计算表确定。l 为风管总长度,单位 m。k 为整个管网局部阻力损失与沿程阻力损失的比值。当系统中弯头、三通等配件较少时可取 1.0~2.0,弯头、三通等配件较少时可取 3.0~5.0。

送风机的静压值应等于管网的总压力损失加上空气通过各个空气处理设备的

压力损失之和,也可按照表 5.21 进行估算。

表 5.21　推荐的送风机静压值

类型		风机静压值(Pa)
送、排风系统	小型系统	100～250
	一般系统	300～400
空调系统	小型(空调面积 300 m² 以内)	400～500
	中型(空调面积 2000 m² 以内)	600～750
	大型(空调面积 2000 m² 以上)	650～1100

本例中电容器室 1～3 房间相邻、功能相同、工作时间相同,可合用同一通风系统,根据计算结果选择单速通风风机参数如下:

参考型号:DBF-II-NO.450,风量 13190 m³/h,转速 650 r/min,风压 303 Pa,电机内置,功率 3 kW,噪声 65 dB(A)。

系统形式如图 5.1 所示。

5.3.2.2　事故通风

以该变电站 GIS 室为例,房间总体积约为 9525m³。通风系统正常工况下通风量按照换气次数 4 次/h 进行设计,事故通风量为 12 次/h,由低噪声柜式离心风机和屋顶风机共同保证,通风设备采用防腐型设备。风口、风管计算方法与正常通风相同。设备选型如下:

(1) 低噪声柜式离心风机箱。

参考型号:HTFC(B)-I-30,电机外置,功率:15 kW,转速:400 r/min,风压:524 Pa,风量:46280 m³/h,数量:1 台。

(2) 低噪声屋顶风机。

参考型号:DWT-I-7,电机内置,功率:0.55 kW,噪声:59DB(A),转速 560 r/min,风量 7200 m³/h,风压 102 Pa,数量:3 台。

正常工况通风由设置屋顶的低噪声风机承担,事故工况时下部离心风机和屋顶风机同时开启。风机开关分别设置在室内和室外便于操作处,事故风机与 SF$_6$ 报警连锁,若检测到 SF$_6$ 气体浓度超过允许值,必须开启全部通风机进行排风,开启时间不小于 15 分钟。若发生火灾则关闭正常通风系统,确认灭火后人工启动屋顶风机进行排烟。相关系统如图 5.2 所示。

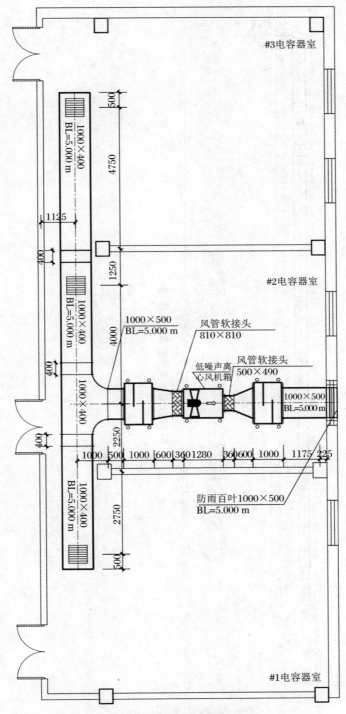

图 5.1　电容器室通风系统图

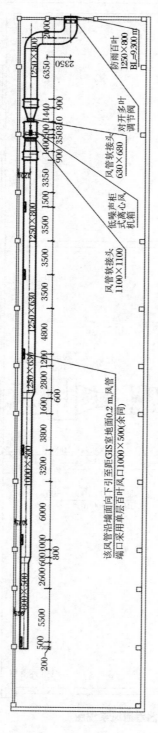

图 5.2　GIS 室事故通风系统图

5.3.2.3　排烟系统

以该变电站电缆层为例,层高度为 4.1 m,共划分为三个防火分区,面积分别为 755 m²、912.5 m² 和 642.5 m²。根据《建筑防烟排烟系统技术标准》(GB 51251—2017),建筑空间净高小于或等于 6 m 的场所,其排烟量应按不小于 60 m³/(h·m²) 计算,且取值不小于 15000 m³/h,或设置有效面积不小于该房间建筑面积 2% 的自然排烟窗(口)。电缆层层高小于 6 m,因此排烟量按照 60 m³/(m²·h)设计,每个防烟分区设计一套独立的通风排烟系统,风机采用双速型柜式离心风机,风机进口设置阻抗复合型消声器,平时低速运行排风,发生火灾时高速运行排烟,风管穿越风道处设置 280 ℃ 常开排烟防火阀。排烟时,当烟气温度达到 280 ℃ 时关闭排烟防火阀和排烟风机,排烟系统与火灾报警系统连锁。

根据计算,电缆间 1－3 的排烟量分别为 45300 m³、54750 m³ 和 38550 m³,风口、风管计算方法与正常通风相同。相关系统如图 5.3 所示,其中风机选型如下:

电缆间 1:双速高温消防通风两用风机,参考型号:HTFC(A)-Ⅱ-27,风量 56634 m³/39208 m³,转速 650/450 r/min,静压 732/351 Pa,电机外置,功率 26/8.7 kW。

电缆间 2:双速高温消防通风两用风机,参考型号:HTFC(A)-Ⅱ-30,风量 67389 m³/44926 m³,转速 550/370 r/min,静压 567/252 Pa,电机外置,功率 26/8.7 kW。

电缆间 3:双速高温消防通风两用风机,参考型号:HTFC(A)-Ⅱ-25,风量 46898 m³/31265 m³,转速 750/500 r/min,静压 792/352 Pa,电机外置,功率 18.5/6.2 kW。

5.3.3　空气调节系统设计计算

以该变电站地上一层二次设备室(二)和 35 kV 配电装置室为例。二者相邻,位于建筑一层,35 kV 配电装置室一侧墙体以及部分屋面与室外相邻,二次设备室(二)位于建筑中间位置,不与室外环境直接相邻。二者总建筑面积为 54.0×12.5 m²,层高 5.4 m,其中二次设备室(二)占用面积为 23.0×2.8 m²,其余部分为 35 kV 配电装置室。由于两功能间相邻且临近室外部分不宜设置室外机,因此考虑选择多联机作为空调冷热源。鉴于设计要求中对冬季室内设计温度提出要求,因此选择热泵式多联机系统,若无冬季制热需求,则建议选择单冷式机组。多联机系统设计步骤如图 5.3 所示:

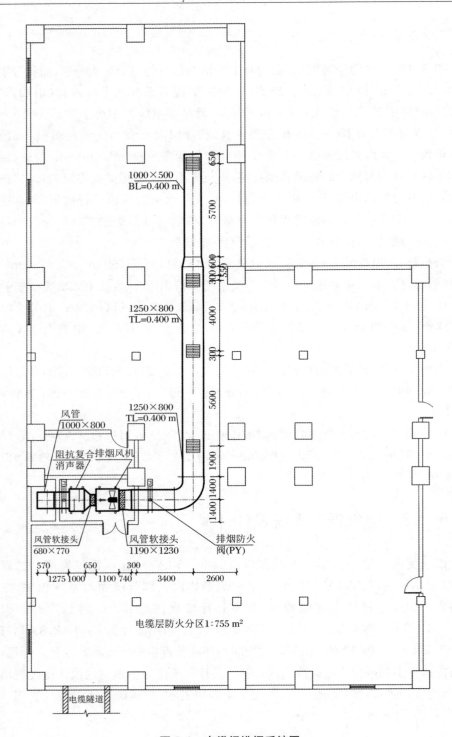

图 5.3 电缆间排烟系统图

(1) 确定设计条件,进行冷/热负荷计算;

(2) 确定多联机系统形式、组成和容量;

(3) 室内机与室外机容量修正;

(4) 根据建筑结构形式确定室内外机的位置和管道走向,完成图纸绘制。

1. 负荷计算

该变电站位于夏热冬冷地区,且室内设备散热量相对较大,因此负荷计算主要考虑冷负荷。根据房间运行过程中没有人员长期驻留的特点。冷负荷主要由围护结构和设备散热两部分组成。其中,设备散热量由工艺提供,需要计算负荷的围护结构情况如表 5.22 所示。

表 5.22　二次设备室(二)和 35 kV 配电装置室围护结构情况

房间	围护结构类型	相邻房间	邻室散热情况	墙体面积（m²）	邻室温差取值（℃）
二次设备室	内墙	GIS 室	设备散热	124.2	3
	内墙	走廊、卫生间	无明显散热	15.1	0
	楼板	电缆层	导线散热	64.4	3
	楼板	二层走廊	无明显散热	64.4	0
35 kV 配电装置室	内墙	GIS 室	设备散热	167.4	3
	内墙	主变室	主变散热	291.6	3
	内墙	走廊	无明显散热	52.4	0
	楼板	电缆层	导线散热	610.6	0
	楼板	资料室	无明显散热	20.5	0
	屋面	室外	—	174.6	—
	东外墙	室外	—	56.7	—
	东外门	室外	—	10.8	—

本例应用天正软件进行计算,在软件中逐项添加表 5.22 各项围护结构数据和设备散热量,设备散热量由工艺提供数据,二次设备室（二）的设备散热量约为 13000 W,35 kV 配电装置室的设备散热量约为 75000 W。由于设备连续运行,设备散热量按照稳态计算。冷负荷计算过程如表 5.22 所示。由此,得到二次设备室（二）和 35 kV 配电装置室的冷负荷分别是 14020 W 和 80295 W。

表 5.23　二次设备室(二)和 35 kV 配电装置室冷负荷计算详表

房间	负荷源		逐时负荷值									
			0	1	2	3	4	5	6	7	8
			9	10	11	12	13	14	15	16	17
			18	19	20	21	22	23			
二次设备室	内墙1	冷负荷(W)	面积	188.6	邻室温差		3℃				
			846	846	846	846	846	846	846	846	846
			846	846	846	846	846	846	846	846	846
			846	846	846	846	846	846			
	内墙2	冷负荷(W)	面积	15.1	邻室温差		0℃				
			37	37	37	37	37	37	37	37	37
			37	37	37	37	37	37	37	37	37
			37	37	37	37	37	37			
	楼板	冷负荷(W)	面积	64.4	邻室温差		0℃				
			137	137	137	137	137	137	137	137	137
			137	137	137	137	137	137	137	137	137
			137	137	137	137	137	137			
	设备	冷负荷(W)	13000	6760	8190	9100	9750	10270	10660	10920	11180
			11440	11570	11830	11960	12090	12220	12350	12350	12480
			12480	12610	12740	12870	13000	13000			
	合计		14020	7780	9210	10120	10770	11290	11680	11940	12200
			12460	12590	12850	12980	13110	13240	13370	13370	13500
			13500	13630	13760	13890	14020	14020			
35 kV 配电装置室	外墙	冷负荷(W)	面积	67.50							
			444	439	431	422	405	393	376	354	337
			316	303	295	295	303	320	342	363	384
			401	418	431	439	444	448			
	外门_嵌	冷负荷(W)	面积	10.8							
			32	19	5	−5	−14	−19	998	2032	2619
			3039	2168	893	489	485	469	427	367	297
			226	130	105	84	65	49			

续表

房间	负荷源		逐时负荷值								
			0	1	2	3	4	5	6	7	8
			9	10	11	12	13	14	15	16	17
			18	19	20	21	22	23			
35 kV配电装置室	内墙	冷负荷（W）	面积	459	邻室温差		3℃				
			2060	2060	2060	2060	2060	2060	2060	2060	2060
			2060	2060	2060	2060	2060	2060	2060	2060	2060
			2060	2060	2060	2060	2060	2060			
	内墙	冷负荷（W）	面积	52.4	邻室温差		3℃				
			128	128	128	128	128	128	128	128	128
			128	128	128	128	128	128	128	128	128
			128	128	128	128	128	128			
	楼板	冷负荷（W）	面积	631.1	邻室温差		3℃				
			1340	1340	1340	1340	1340	1340	1340	1340	1340
			1340	1340	1340	1340	1340	1340	1340	1340	1340
			1340	1340	1340	1340	1340	1340			
	屋面	冷负荷（W）	面积	174.6							
			1278	1219	1144	1063	974	877	788	692	603
			521	454	417	417	447	521	625	751	885
			1018	1144	1241	1300	1322	1315			
	设备	总冷负荷（W）	75000	39000	47250	52500	56250	59250	61500	63000	64500
			66000	66750	68250	69000	69750	70500	71250	71250	72000
			72000	72750	73500	74250	75000	75000			
	合计		80250	44187	52354	57514	61158	64049	66193	67575	68969
			70366	71036	72491	73241	74029	74870	75745	75893	76798
			76948	77841	78700	79518	80295	80292			

2. 室内机和室外机的选择

根据上述负荷计算结果,选择室内机和室外机如表 5.24 所列:

表 5.24　室内机和室外机选型

	多联式室外空调机组	天井式室内机 (二次设备室(二))	天井式室内机 (35 kV 配电装置室)
参考型号	GMV-106WM/X	GMV-NR80T/D	GMV-NR125T/D
电源/输入功率	380 V－50 Hz	0.09	0.16
制冷量	106.4 kW	8 kW	12.5 kW
制冷功率	29.25 kW	—	—
制热量	119.6 kW	9 kW	14 kW
制热功率	28.99 kW	—	—
数量	—	2	7

3．多联机容量的修正

根据厂家提供选型手册，GMV 系列室内机与室外机能力的修正方法如下：

（1）室外机

室外机能力＝室外机名义工况能力×室内、外空气计算温度的修正系数×（配管长度修正系数－室内、外机高低差的修正系数）

根据项目所在地气象条件和项目室内设计温度及设备布置方案，制冷工况下室内、外空气计算温度的修正系数为 1.06，配管长度修正系数为 0.906，本案中室外机高于室内机此项在制冷时无需修正，计算得到室外机实际制冷能力为 102.2 kW。

（2）室内机

各室内机能力＝室外机能力×室内机容量/室内机装机总容量，本案中二次设备室和 35 kV 配电装置室单个室内机实际制冷能力分别是 7.9 kW 和 12.3 kW。

室内机和室外机实际制冷能力满足房间制冷要求。

第 6 章　变电站给排水设计

6.1　引　　言

变电站给排水系统主要包括给水、雨水排放、污水排放系统,变电站给排水系统设计时需考虑多方面因素,其设计主要难点有两个:首先是变电站内带电设备多,在布设给排水管线时需要考虑多个条件,如设备安全距离是否满足、检修空间是否足够、管线发生渗漏时设备的保护等;此外,变电站选址一般为农村或较为偏远的地区,易受当地环境与位置条件等因素影响。对于变电站整体的安全稳定来说,给排水系统的设计是基础,其保证了站区内生活用水的供给,也保证了站区内雨水、污水的顺利排放,同时其在变电站周遭环境的保护等方面也发挥了重要的作用。

本章主要介绍变电站给排水系统的组成、给水系统设计、排水系统设计、雨水泵池设计以及变电站截洪沟的设计,并以典型的户外变电站和全户内变电站为案例,进行了上述各系统的设计计算。

6.2　给排水设计概述

6.2.1　给水设计概述

变电站内用水量主要是生活用水,站内工作人员生活用水量可采用30~50 L/(人·班),每班用水时间8 h,小时变化系数采用3.0~2.5;生活饮用水水质应符合现行国家标准《生活饮用水卫生标准》(GB 5749—2022)的规定。

变电站应有可靠水源,水源可选用自来水、地下水或地表水方式,有条件时宜选用自来水方式。变电站的供水方式应根据水源条件和用水要求确定,当水源水量、水压、水质满足用水要求时。应采用直接供水方式;不能满足要求时,应设置相应的贮水调节、加压和给水处理装置。

室内给水管道设计应按现行国家标准《建筑给水排水设计规范》(GB 50015—2019)的规定执行。室内给水管道不应穿越或布置在电气设备房间内。站区给水管道的覆土深度应根据土壤冰冻深度、车辆荷载、管道材质及管道交叉等因素确定。管顶最小覆土深度不得小于土壤冰冻线以下 0.15 m,在行车道下的管线覆土深度不宜小于 0.7 m。室外给水管道上的阀门宜设置阀门井或阀门套筒,寒冷地区阀门井应设置防冻措施。配水管道的材质可根据管径、内压、外部荷载和管道敷设区的地形、地质、管材的供应情况确定,应符合运行安全、耐久、减少漏损、施工和维护方便、经济合理以及生活给水管道防止二次污染的原则。

卫生器具的给水额定流量、当量、连接管公称直径尺寸和工作压力应按表6.1确定。

表 6.1 卫生器具的给水额定流量、当量连接管公称尺寸和工作压力

序号	给水配件名称		额定流量(L/s)	当量	连接管公称尺寸(mm)	工作压力(MPa)
1	洗涤盆、拖布盆、盥洗槽	单阀水嘴	0.15~0.20	0.75~1.00	15	0.100
		单阀水嘴	0.30~0.40	1.5~2.00	20	
		混合水嘴	0.15~0.20	0.75~1.00	15	
2	洗脸盆	单阀水嘴	0.15	0.75	15	0.100
		混合水嘴	0.15	0.75		
3	洗手盆	感应水嘴	0.1	0.50	15	0.100
		混合水嘴	0.15	0.75		
4	淋浴器	混合阀	0.15	0.75	15	0.100~0.200
5	大便器	冲洗水箱浮球阀	0.1	0.5	15	0.050
		延时自闭式冲洗阀	1.20	6.00	25	0.100~0.150
6	小便器	手动或自动自闭式冲洗阀	0.10	0.50	15	0.050
		自动冲洗水箱进水阀	0.10	0.50		0.020

注:① 卫生器具给水配件所需额定流量和工作压力有特殊要求时,其值应按产品要求确定。

公共场所卫生间的卫生器具设置应符合下列规定：洗手盆应采用感应式水嘴或延时自闭式水嘴等限流节水装置；小便器应采用感应式或延时自闭式冲洗阀；坐式大便器宜采用设有大、小便分档的冲洗水箱，蹲式大便器应采用感应式冲洗阀、延时自闭式冲洗阀等。

6.2.2　排水设计概述

6.2.2.1　一般规定

变电站的排水工程包括污水系统和雨水系统，应遵循从源头到末端的全过程管理和控制。雨水系统和污水系统应相互配合、有效衔接。排水系统宜采用分流制。工程条件许可时，宜采用自流排水方式，应根据工程实际需要采取防止雨水、污水倒灌措施。

变电站内生活污水主要是指建筑物内便器、洗涤、淋浴等排水。生活污水量宜与生活用水量相协调。变电站生活污水量较少，可按照生活用水量考虑。

变电站雨水排水设计中综合径流系数应严格按规划确定的要求，并应符合下列规定：综合径流系数高于 0.7 的地区应采用渗透、调蓄等措施；综合径流系数可根据规定的径流系数，通过地面种类加权平均计算得到，也可按综合径流系数表的规定取值，并应核实地面种类的组成和比例。当设计重现期为 20～30 年时，宜将径流系数提高 10%～15%；当设计重现期为 30～50 年时，宜将径流系数提高 20%～25%；当设计重现期为 50～100 年时，宜将径流系数提高 30%～50%；当计算的径流系数大于 1 时，应按 1 取值。

设计暴雨强度应按下式计算：

$$q = \frac{167A_1(1 + C\lg P)}{(t + b)^n} \tag{6.1}$$

式中，q 为设计暴雨强度，单位 $L/(s \cdot hm^2)$；P 为设计重现期，单位年；t 为降雨历时，单位 min；A_1、C、b、n 为参数，根据统计方法进行计算确定。

具有 20 年以上自记雨量记录的地区，排水系统设计暴雨强度公式应采用年最大值法。暴雨强度公式应根据气候变化进行修订。

6.2.2.2　排水管道及其附属构筑物

排水管道应根据变电站最终规模统一规划、分期建设。排水管渠断面尺寸应按远期规划设计流量设计，按现状水量复核，并考虑远景发展的需要。

管渠材质、管渠断面、管道基础、管道接口应根据排水水质、水温、冰冻情况、断面尺寸、管内外所受压力、土质、地下水位、地下水侵蚀性、施工条件和对养护工具的适应性等因素进行选择和设计。

室外自流排水管材可选用硬聚氯乙烯(U-PVC)管、聚乙烯(PE)管、高密度聚乙烯(HDPE)管、HDPE 钢塑复合缠绕管、U-PVC 加筋管、钢带增强管、钢筋混凝土管等。压力排水管可选用预应力钢筋混凝土管、球墨铸铁管、钢管等,金属管材应采取可靠的防腐措施。

室内排水管宜选用建筑用硬聚氯乙烯(UPVC)排水管。

排水水质或土壤有腐蚀性时,宜选用塑料管材或钢塑复合管材。

寒冷地区选用塑料管时,宜选用 PE、HDPE 等耐低温性能较好的管材。

管道接口应根据管道材质和地质条件确定,污水及合流管道应采用柔性接口。当管道穿过粉砂、细砂层并在最高地下水位以下,或在地震设防烈度为 7 度及以上设防区时,必须采用柔性接口。塑料管道与检查井应采用柔性连接。

排水管渠的断面形状应符合下列规定:排水管渠的断面形状应根据设计流量、埋设深度、工程环境条件,并结合当地施工、制管技术水平和经济条件、养护管理要求综合确定,宜优先选用成品管。

排水管渠系统的设计应以重力流为主,不设或少设提升泵站。当无法采用重力流或重力流不经济时,可采用压力流。

管道基础应根据管道材质、接口形式和地质条件确定,埋地塑料排水管道不应采用刚性基础,对地基松软或不均匀沉降地段,管道基础应采取加固措施。

管顶最小覆土深度应根据管材强度、外部荷载、土壤冰冻深度和地基承载力等条件,结合当地埋管经验确定,人行道下不宜小于 0.60 m,车行道下不宜小于 0.70 m。排水管道宜埋设在冰冻线以下,生活污水接户管道埋设深度可按不高于土壤冰冻深度以上 0.15 m 设计,浅埋时应有依据。

6.2.2.3 雨水泵池

雨水泵池宜设计为单独的建(构)筑物,雨水泵池的设置应符合下列规定:雨水泵池集水池的容积不应小于最大一台水泵 5 min 的出水量;雨水泵池集水池的容积不应小于最大一台水泵 30 s 的出水量;水泵机组为自动控制时,集水池的容积尚应满足水泵每小时启动不得超过 6 次的要求;集水池内应设置液位控制开关,排水泵的运行应根据液位的变化自动控制;雨水流入集水池前均应通过格栅;集水池的最低设计水位应满足排水泵吸水要求,并设有高低液位报警功能,信号应传至有人值班处;集水池的容积需满足水泵安装和自动控制的需要;应避免水泵频繁启动。

排水泵的设置应符合下列规定:排水泵的选择应根据水量、水质和所需要的扬程等因素确定;水泵宜选用同一型号,台数不应少于 2 台,当水量变化很大时,可配置不同规格的水泵,但不宜超过两种;雨水泵可不设备用泵;排水泵宜采用自灌式吸水方式;排水泵应选择耐腐蚀、大流通量、不易堵塞的设备;每台排水泵的出水管上均应设置止回阀、闸阀。

雨水泵池的建筑物和附属设施宜采取防腐蚀措施;单独设置的泵站与居住房屋和公共建筑物的距离应满足规划、消防和环保部门的要求。雨水泵池的地面建筑物应与周围环境协调,做到适用、经济、美观,泵站内应绿化;室外地坪标高应满足防洪要求,并应符合规划部门规定;易受洪水淹没地区的泵站和地下式泵站,其入口处地面标高应比设计洪水位高 0.5 m 以上;当不能满足上述要求时,应设置防洪措施;雨水泵池内部和四围道路应满足设备装卸、垃圾清运、操作人员进出方便和消防通道的要求。

变电站雨水泵池的服务面积小,需要排出的雨水量较小,属于小型雨水泵池。变电站雨水泵池常采用一体化预制泵站设计。

(1) 一体化预制泵站的特点

一体化预制泵站是一种在工厂内将井筒、泵、管道、控制系统和通风系统等主体部件集成为一体,并在出厂前进行预装和测试的泵站。一体化预制泵站可在占地面积紧张、施工周期较短、环境要求较高等条件下,用于城镇排水系统中的雨水、污水及工业废水的提升、加压和输送。

一体化预制泵站的基本形式可分为干式一体化预制泵站和湿式一体化预制泵站。对于复杂的泵站系统,可将两个或两个以上湿式或干式一体化预制泵站串联或并联。

1) 干式一体化预制泵站:由一个干区独立构成或者将干区和湿区集成在同一个井筒内,水泵采用干式安装。水泵间可采用维修平台分隔,上部为维修间,下部为干式水泵间。

2) 湿式一体化预制泵站:将水泵间和进水井集成在同一个井筒内,水泵采用湿式安装,井筒内可设置内部维修平台和地面控制面板,地面可配套维修间。

(2) 一体化预制泵站的一般规定

泵站的基本形式应根据场地的地理位置、地形条件和地质情况等因素确定。当区域用地紧张时,宜选择湿式一体化预制泵站;当应用于地面不允许有设备和构筑物时,宜选择干式一体化预制泵站;当有较高防盗要求或地面积雪较深时,宜选择带维修间的湿式一体化预制泵站;当上游流量较大或系统复杂时,可将两个或两个以上湿式或干式一体化预制泵站进行申联或并联。

由于一体化预制泵站安装简便、快速,近期工程可根据近期规模进行配置,并预留远期接口。待远期流量增加后,远期工程可通过预留接口连接泵站。具体型号可根据工程规模,结合国内外生产厂家的各产品适用条件选用。

一体化预制泵站主体由通风系统、井筒、出水管路、阀门、进水管路、控制柜、服务平台和水系等部件组成。一体化预制泵站的主体应在工厂内预制,并在出厂前进行预装和测试,以缩短现场安装时间提高系统可靠性。

湿式一体化预制泵站底座内侧应采用流态优化设计,避免污泥沉积。集站底板的尺寸应满足抗浮和结构强度要求,多井筒泵站和泵站前后端构筑物宜采用同一个底板。

6.2.2.4 生活污水处理

变电站生活污水量较小,一般应设置化粪池,定期清掏,污水不外排。化粪池应符合下列规定:距离地下水取水构筑物不得小于 30 m;化粪池宜设置在接室内管的下游端,便于机动车清掏的位置;化粪池池外壁距建筑物外墙不宜小于 5 m,并不得影响建筑物基础;化粪池池壁和池底应采取有效防渗措施,防止渗漏;化粪池顶板上应设有通气管、人孔和盖板;当化粪池设置在站前区时,不宜设置在有运行人员值班、休息房间的上风向,避免对生产、生活环境造成不利影响。

6.2.2.5 截洪沟

截洪沟是拦截山坡上的径流,使之排入山洪沟或排洪渠内,以防止山坡径流,冲蚀山坡,造成危害。

(1) 设置截洪沟的条件

根据实地调查山坡土质、坡度、植被情况及径流计算,综合分析可能产生冲蚀的危害,设置截洪沟;建筑物后面山坡长度小于 100 m 时,可作为市区或厂区雨水排出;建筑物在切坡下时,切坡顶部应设置截洪沟,以防止雨水长期冲蚀而发生坍塌或滑坡。

(2) 截洪沟布置基本原则

必须密切结合城市规划或厂区规划;应根据山坡径流、坡度、土质及排出口位置等因素综合考虑;因地制宜,因势利导,就近排放;截洪沟走向宜沿等高线布置,选择山坡缓,土质较好的地段;截洪沟以分散排放为宜,线路过长、负荷大、易发生事故。

(3) 构造要求

截洪沟起点沟深应满足构造要求,不宜小于 0.3 m;沟底宽应满足施工要求,不宜小于 0.4 m;为保证截洪沟排水安全,应在设计水位以上加安全超高,一般不小于 0.2 m;截洪沟弯曲段,当有护砌时,中心线半径一般不小于沟内水面宽度的2.5 倍,当无护砌时,取 5 倍;截洪沟沟边与切坡顶边的距离应不小于 5 m;截洪沟外边坡为填土时,边坡顶部宽度不宜小于 0.5 m;截洪沟内水流流速超过土质容许流速时,应采取护砌措施;截洪沟排出口应设计成喇叭口形,使水流顺畅流出。

(4) 汇水面积计算

汇水面积指的是截洪沟汇集雨水的面积。汇水面积的计算要根据各截洪沟的汇流范围,包括汇流位置、流量、流向、汇流路径等确定,可采用地形拟合法、遥感测量法等进行汇水面积的计算。地形拟合法的核心是拟合汇流范围的地形,进而计算汇水面积;采用该方法需要对汇流范围进行精确测量,获取汇流范围的三维地形数据,然后采用拟合曲线或曲面等拟合方法进行拟合,以获取汇水面积。遥感测量法是利用遥感技术获取汇流范围的三维地形数据,然后根据投影前的形状计算汇水面积,从而精确计算汇水面积。

6.3　工 程 案 例

6.3.1　工程案例一(全户内变电站)

6.3.1.1　工程概况

以安徽省合肥市的一座 220 kV 变电站(全户内变电站)为例,该变电站的给水水源来自市政自来水,排水采用自然排水和有组织排水相结合的排水方式。变电站总占地面积 0.7767 hm^2,站址处百年一遇洪水位为 13.6 m,最高内涝水位 12.5 m,场地高程 14.1 m。站址东侧与北侧为规划市政道路,北侧道路规划将建设市政给水管道、雨水管道和污水管道。

变电站总体平面布置:主入口设在西北侧,配电装置楼布置在站区的中间位置,3 台主变紧邻配电装置楼南侧为全户内布置,配电装置楼四周设环形道路;消防设备间及消防水池为全地下布置,布置在站区的西侧;警卫室布置在西北侧。建筑物主要信息见表 6.2。

表 6.2　全站主要建筑物一览表

建筑物名称	建筑面积(m²)	层数	层高(m)	高度(m)	结构形式
配电装置楼	6116	3	10.8	13.8	钢框架
警卫室	50	1	3.3	4.2	钢框架
雨淋阀室消防泵房联合建筑	102	2	3.6	4.5	钢框架

6.3.1.2　设计内容

（1）给水设计

根据规划，站址附近存在市政给水管网，水质水量满足变电站生活用水的要求，所以可采用市政自来水作为供水方式。本变电站用水量主要由生活用水、淋浴用水构成。由于水量、水压、水质需满足用水要求，生活给水系统采用直接供水方式。站内给水管道按照最高日最高时供水量、卫生器具用水定额及设计水压进行水力计算，管道敷设形式、位置、深度以及阀门设置需按照相关标准要求设计。

（2）排水设计

站区内雨水、生活污水系统分流排放。雨水采用有组织排水方式，通过雨水井收集后经雨水泵提升后排入市政雨水管网；站区内生活污水通过污水管道排入化粪池，外粪池定期清理，污水不外排。

雨水管道设计流量按照公式 $Q_s = q\psi F$ 计算，式中设计暴雨强度 q 采用当地暴雨强度公式，计算时重现期宜采用 2～3 年，地面集水时间取 10 min；ψ 为场地综合径流系数，其值取 0;65；汇水面积 F 根据排水平面图确定。

生活污水量极小，化粪池根据污水量、污水停留时间和清掏周期选型。

雨水需要经泵站提升后排入市政管网，泵站可选择满足流量、扬程要求的成品泵站。

6.3.1.3　给排水设计与计算

1. 室内给水系统的设计与计算

本站按少人值班变电站设计，变电站内设置少数人员（一般 1－2 人）进行设备运行维护、倒闸操作、事故及异常处理、设备巡视、设备定期试验轮换等运行管理工作，再加上其他维修、维护人员，本站按照 4 人用水量进行计算。

1）给水设计流量计算

（1）最高日用水量

最高日用水量按下式计算：

$$Q_d = mq_d/1000 \tag{6.2}$$

式中，Q_d 为最高日用水量，单位 m³/d；m 为设计单位数（如人数、床位数等）；q_d

为用水定额。

采用公式(6.2)应注意以下几点：建筑物实际用水项目超出或少于范围时，其用水量应作相应增减。设计单位数应由建设单位或建筑专业提供。当无法取得数据时，在征得建设单位同意下，可按卫生器具一小时用水量和每日工作时数来确定最高日用水量。

根据《建筑给水排水设计标准》(GB 50015—2019)中的 3.2.11 节内容，工业企业建筑管理人员的最高日生活用水定额可取 30 L/(人•班)～50 L/(人•班)；用水时间宜取 8 h，小时变化系数宜取 2.5～1.5。

本站设计单位数(人数)为 4 人，用水定额取 30 L/(人•班)，因此，最高日用水量为：

$$Q_d = mq_d/1000 = 4\,人 \times 30\,L/(人 \cdot d) \div 1000 = 0.12\,m^3/d$$

(2) 最大小时生活用水量

最大小时用水量按下式计算：

$$Q_h = Q_d/T \times K_h \tag{6.3}$$

式中，Q_h 为最大小时用水量，单位 m^3/h；Q_d 为最高日用水量，单位 m^3/d 或最大班用水量，单位 $m^3/班$；T 为每日或最大班用水时间，单位 h，根据《建筑给水排水设计标准》(GB 50015—2019)的 3.2.11 节内容，用水时间宜取 8 h；K_h 为小时变化系数，根据《建筑给水排水设计标准》(GB 50015—2019)小时变化系数宜取 2.5～1.5。

本站中每日用水时间 8 h，小时变化系数为 2.5，因此，最大小时用水量为：

$$Q_h = Q_d/T \times K_h = 0.12 \div 8 \times 2.5 = 0.0375\,m^3/h$$

(3) 生活给水设计秒流量

变电站的生活用水点位为警卫室，属于工业企业的生活间，其生活给水管道的设计秒流量应按下式计算：

$$q_g = \Sigma q_0 n_0 b_g \tag{6.4}$$

式中，q_g 为计算管段的设计秒流量，单位 L/s；q_0 为同类型的一个卫生器具给水额定流量，单位 L/s，见《建筑给水排水设计标准》(GB 50015—2019)中表 3.2.12 节相关要求；n_0 为同类型卫生器具数；b_g 为卫生器具的同时给水百分数(%)，见《建筑给水排水设计标准》(GB 50015—2019)中表 3.7.8-1 的要求。

2) 给水管网水力计算

(1) 计算目的

在于确定给水管网各管段的管径，求得通过设计流量时造成的水头损失，复核室外给水管网水压是否满足使用要求。

(2) 计算要求

① 根据建筑物类别正确选用生活给水设计流量公式。室外给水管道的设计

流量应根据管段服务人数、用水定额及卫生器具设置标准等因素确定。

② 充分利用室外给水管网的水压,引入管管径不宜小于DN20。

③ 确定管径时,应使设计流量通过计算管段时的水流速度符合下列要求:建筑物内给水管的流速一般可参照表6.3取值(《给水排水设计手册》第2册建筑给水排水)。

表6.3 生活给水管道的水流速度

公称直径(mm)	15~20	25~40	50~70	≥80
水流速度(m/s)	≤1.0	≤1.2	≤1.5	≤1.8

(3) 计算步骤

① 确定建筑物给水的方案和管材,本案例选用的管材为聚丙烯PP-R管。

② 绘制本变电站警卫室的给水平面布置图、给水流程图或系统图,如图6.1~图6.2所示。

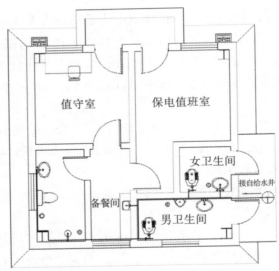

图6.1 合肥地区某变电站给水平面布置图

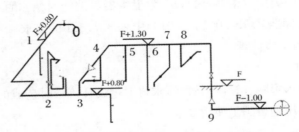

图6.2 合肥地区某变电站给水管计算系统图

③ 根据建筑物类别选择生活给水设计流量公式,并正确计算设计流量。

变电站的生活用水点位为警卫室,属于工业企业的生活间,其生活给水管道的设计秒流量应按《建筑给水排水设计标准》(GB 50015—2019)中 3.7.9 节式(3.7.8)计算,根据绘制的给水系统图(如图 6.2 所示),从用水最末端开始计算。计算时应符合下列规定:当计算值小于该管段上一个最大卫生器具给水额定流量时,应采用一个最大的卫生器具给水额定流量作为设计秒流量;大便器自闭式冲洗阀应单列计算,当单列计算值小于 1.2 L/s 时,以 1.2 L/s 计;大于 1.2 L/s 时,以计算值计。

给水管 0−1 段:$q_g = \sum q_0 n_0 b_g = 0.15\ \text{L/s} \times 1 \times 50\% = 0.075\ \text{L/s}$

0−1 段的最大卫生器具给水额定流量为 0.15 L/s>0.075 L/s,因此该计算管段的给水设计秒流量为 0.15 L/s,以下管段计算方式相同。

④ 根据计算管段的设计流量、室外管网能保证的水压和最不利点的所需水压及管道流速,确定管径。

给水管 0−1 段:根据该计算管段的流量选取管径,该管段流量较小,选取管径为 15 mm 的 PP-R 管材,复核流速是否符合要求,经计算 0−1 段的流速<1.0 m/s,符合要求。若不符合要求,修改管径重复上述步骤,直至符合流速要求。

⑤ 计算管道的水头损失。

给水管道水头损失计算应按下列要求进行:

A 管道沿程水头损失:

给水管道的沿程水头损失应按下式计算:

$$h_i = i \cdot L \tag{6.5}$$

式中,h_i 为沿程水头损失,单位 kPa;L 为管道计算长度,单位 m;i 为管道单位长度水头损失,单位 kPa/m,i 可用下式计算:

$$i = 105 C_h^{-1.85} d_j^{-4.87} q_g^{1.85} \tag{6.6}$$

式中,d_j 为管道计算内径,单位 m;q_g 为给水设计流量,单位 m^3/s;C_h 为海澄-威廉系数,其中,各种塑料管、内衬(涂)塑管 $C_h=140$;铜管、不锈钢管 $C_h=130$;内衬水泥、树脂的铸铁管 $C_h=130$;普通钢管、铸铁管 $C_h=100$。

B 管道局部水头损失:

生活给水管道的配水管的局部水头损失,宜按管道的连接方式,采用管(配)件当长度法计算。当管道的管(配)件当量长度资料不足时,可根据下列管件的连接状况,按管网的沿程水头损失的百分数取值:管(配)件内径与管道内径一致,采用三通分水时,取 25%~30%,采用分水器分水时,取 15%~20%;管(配)件内径略大于管道内径,采用三通分水时,取 50%~60%,采用分水器分水时,取 30%~35%;管(配)件内径小于管道内径,管(配)件的插口插入管口内连接,采用三通分水时,取 70%~80%,采用分水器分水时,取 35%~40%;阀门和螺纹管件的摩阻损失可按《建筑给水排水设计标准》(GB 50015—2019)附录 D 确定。

根据上述要求,计算给水管 0-1 段的水头损失:本案例选用 PP-R 管,$C_h=140$;局部水头损失采用管(配)件当长度法计算。

管道单位长度水头损失:$i=105C_h^{-1.85}d_j^{-4.87}q_g^{1.85}$ $i=105C_h^{-1.85}d_j^{-4.87}q_g^{1.85}=105\times140^{-1.85}\times(15\div1000)^{-4.87}\times(0.15\div1000)^{1.85}=0.72\ \text{kPa/m}$

总水头损失 $h_i=i\cdot L=0.72\ \text{kPa/m}\times1.848\ \text{m}=1.34\ \text{kPa}$

采用上述方法计算其他管段的水头损失。

⑥ 确定建筑物供水的所需水压,用以校核室外供水压力。

建筑物室内给水管网所需水压:一般要选择管网中若干个较不利的配水点进行水力计算,经比较后确定最不利配水点,以保证所有配水点的水压要求。室内给水管网所需的水压按下式计算:

$$H=H_2+H_3+0.01\times(H_1+H_4) \tag{6.7}$$

式中,H 为建筑给水引入管前所需水压,单位 MPa;H_1 为最不利配水点与引入管的标高差,单位 m;H_2 为管网内沿程和局部水头损失之和,单位 MPa;H_3 为水表的水头损失,单位 MPa;H_4 为最不利配水点所需流出水头,单位 m,按《建筑给水排水设计标准》(GB 50015—2019)中表 3.2.12 选取。

根据变电站设计资料和《建筑给水排水设计标准》(GB 50015—2019)的要求取值如下:$H_1=2\ \text{m}$,$H_2=5.11\ \text{kPa}$,$H_3=30\ \text{kPa}$,$H_4=10\ \text{m}$。

$H=H_2+H_3+0.01(H_1+H_4)=5.11+30+0.01\times(2+10)=35.23\ \text{kPa}$

另外,应考虑一定的富裕水头,一般按 10~30 kPa 计,因此,本变电站的警卫室给水引入管前所需水压 H 可以取 65 kPa。此外,对于居住建筑的生活给水管网,建筑层数为 1 层和 2 层时的最小服务水头分别为 100 kPa 和 120 kPa。本变电站的警卫室建筑层数为 1 层,因此,需要的最小服务水头为 100 kPa。一般市政管网供水压力都会大于等于 200 kPa,满足供水需求。

⑦ 室内给水系统计算成果汇总

本案例中变电站的警卫室给水管网水力计算表如表 4 所示,给水管轴测图如图 6.3 所示。

表 6.4　合肥某变电站室内给水计算表

管段编号 自	管段编号 至	卫生器具名称、数量 洗手盆 0.15* 0.5**	大便器（水箱） 0.1* 0.3**	淋浴器 0.15* 1**	大便器（延时） 1.2* 0.02**	洗涤盆 0.15* 0.33**	小便器 0.1* 0.1**	设计秒流量 (L/s)	DN (mm)	V (m/s)	单位长度水头损失 i(kPa/m)	管长 L(m)	水头损失 (kPa)
0	1	1		1				0.15	15	0.85	0.72	1.848	1.33
1	2	1	1					0.15	25	0.31	0.06	4.79	0.29
2	3	1	1	1	1			0.255	25	0.52	0.16	4.621	0.74
3	4	1	1	1	1	1		1.2	40	0.95	0.29	2.245	0.65
4	5	1	1	1	1	1		1.2	40	0.95	0.29	3.087	0.90
5	6	1	1	1	1	1	1	1.2	40	0.95	0.29	0.575	0.17
6	7	1	1	1	1	1	1	1.2	40	0.95	0.29	1.023	0.30
7	8	2	1	1	2	1	1	1.2	40	0.95	0.29	1.024	0.30
8	9	3	1	1	2	1	1	1.2	50	0.61	0.10	4.5	0.45
合　计													5.11

注：带＊数据是卫生器具的额定流量，L/s；带＊＊数据是指卫生器具的同时给水百分数。

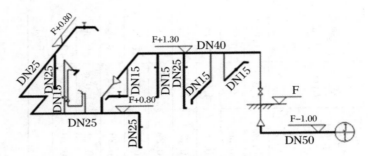

图 6.3　合肥某变电站给水管轴测图

2. 室内污水排水系统设计与计算

（1）排水系统选择

本变电站室内污水排水设计选用双立管系统,双立管系统由一根排水管和一根专用通气管组成,又叫外通气、干式通气,适用于污废合流的建筑,选用的排水管管材为 UPVC。

（2）变电站室内污水排水水力计算

首先绘制变电站警卫室的室内污水排水平面布置图（如图 6.4 所示）和污水排水管计算简图（如图 6.5 所示）。

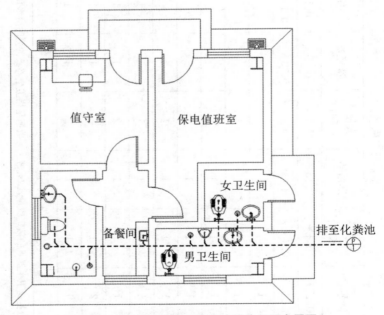

图 6.4　合肥某变电站室内污水排水平面布置图

变电站的警卫室室内污水排水量参照工业企业生活间计算,生活排水管设计秒流量应按下式计算:

$$q_P = \sum q_0 n_0 b \tag{6.8}$$

式中，q_P 为计算管段的排水设计秒流量，单位 L/s；q_0 为同类型的一个卫生器具排水流量，单位 L/s，按《建筑给水排水设计标准》GB 50015—2019 中表 4.5.1 选取；n_0 为同类型卫生器具数；b 为卫生器具的同时排水百分数，按《建筑给水排水设计标准》GB 50015—2019 第 3.7.8 条的规定采用。冲洗水箱大便器的同时排水百分数应按 12% 算。

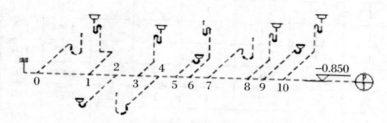

图 6.5　合肥某变电站室内污水排水管计算简图

当计算值小于一个大便器排水流量时，应按一个大便器的排水流量计算。根据上述公式计算各管段的排水管流量。

室内排水管 0-1 段：$q_P = \sum q_0 n_0 b = 1.5\,\text{L/s} \times 1 \times 30\% = 0.45\,\text{L/s} < 1.5\,\text{L/s}$，设计秒流量取 1.5 L/s。排水管径根据《建筑给水排水设计标准》（GB 50015—2019）中第 4.5.8 节要求，大便器排水管最小管径不得小于 100 mm，因此选择管径为 110 mm。根据《建筑给水排水设计标准》（GB 50015—2019）表 4.5.6 中管径为 110 mm 时的通用坡度为 0.012，最大设计充满度为 0.5。根据此方法依次进行各排水管的设计流量计算，选择排水管管径和坡度。采用伸顶通气，管径为 DN100，采用塑料管。案例一变电站室内污水排水计算表如表 6.5 所示，排水管网轴测图如图 6.6 所示。

表 6.5　合肥某变电站室内污水计算表

管段编号		卫生器具名称、数量						设计秒流量（L/s）	DN（mm）	坡度 i
		洗手盆	大便器（水箱）	大便器（延时）	洗涤盆	小便器	地漏			
		0.1*	1.5*	1.2*	0.33*	0.1*	0.8*			
自	至	0.5**	0.3**	0.02**	0.33**	0.1**	1**			
0	1		1					1.5	110	0.012
1	2	1	1					1.5	110	0.012
2	3	1	1				1	1.5	110	0.012

管段编号		卫生器具名称、数量						设计秒流量 (L/s)	DN (mm)	坡度 i
		洗手盆	大便器（水箱）	大便器（延时）	洗涤盆	小便器	地漏			
		0.1*	1.5*	1.2*	0.33*	0.1*	0.8*			
自	至	0.5**	0.3**	0.02**	0.33**	0.1**	1**			
3	4	1	1		1		1	1.5	110	0.012
4	5	1	1		1		1	1.5	110	0.012
5	6	1	1	1	1		2	2.23	110	0.012
6	7	1	1	1	1	1	2	2.24	110	0.012
7	8	1	1	2	1	1	2	2.27	110	0.012
8	9	2	1	2	1	1	2	2.32	110	0.012
9	10	2	1	2	1	1	3	3.12	110	0.012
10	11	3	1	2	1	1	3	3.17	110	0.012

注:带 * 数据是卫生器具的排水流量,L/s;带 ** 数据是指卫生器具的同时排水百分数。

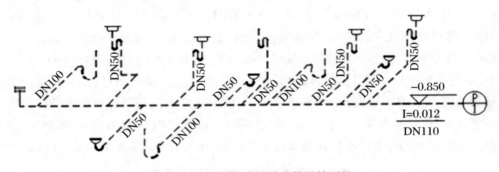

图 6.6　合肥某变电站排水管网轴测图

3. 室外污水排水系统设计与计算

由于变电站为少人值守方式运行,产生的生活污水量较少,所有污水通过污水管道排入化粪池,定期掏污。根据室内污水排水计算结果,案例污水总量为 3.17 L/s,室外污水管的管径直接采用允许的最小管径 200 mm。

站区人员按 4 人计,根据图集《玻璃钢化粪池选用与埋设(14SS706)》选用 LG-DCN-01-Ⅰ型玻璃钢化粪池,总容积为 2.5 m³,有效容积为 2.0 m³。

4. 屋面雨水排水系统设计与计算

(1) 雨水系统选择

本次设计选用重力流排除雨水,重力流屋面雨水排水系统的设计流态是无压流,即水力计算中忽略压力因素,横管、立管、雨水斗中的水流都存在自由水面,流量计算中水面上的空气压力忽略不计。

雨水斗采用重力流雨水斗(自由堰流式雨水斗)。采用外排水的排水系统,雨水经雨水管排到地面,再经过地面雨水井的收集排入市政雨水管网。

(2) 降雨强度计算

案例一所在地区的降雨强度公式如下:

$$q = \frac{4850(1 + 0.846 \lg P)}{(t + 19.1)^{0.896}} \tag{6.9}$$

式中,q 为设计雨水流量,单位 $L/(s \cdot hm^2)$;P 为设计重现期,单位(a),工业厂房屋面雨水排水管道工程设计重现期应根据生产工艺、重要程度等因素确定;t 为降雨历时,单位 min,屋面雨水排水设计降雨历时应按 5 min 计算。

变电站的建筑屋面雨水流量设计参照工业厂房屋面雨水的计算方法,工业厂房屋面排水管道工程设计重现期应根据生产工艺、重要程度等因素确定,一般设计重现期为 5~10a,变电站选择设计重现期 10a。

$$q = \frac{4850(1 + 0.846 \lg P)}{(t + 19.1)^{0.896}} = \frac{4850 \times (1 + 0.846 \times \lg 10)}{(5 + 19.1)^{0.896}} = 517.233 \, L/(s \cdot hm^2)$$

(3) 汇水面积计算

屋面雨水的汇水面积按屋面水平投影面积计算。高出裙房屋面的毗邻侧墙,应附加其最大受雨面正投影的 1/2 计算。屋面按分水线的排水坡度划分为不同排水区时,应分区计算汇水面积。

(4) 雨水量计算

雨水设计流量应按下式计算:

$$q_y = \frac{q_i \varphi F_w}{10000} \tag{6.10}$$

式中,q_y 为设计雨水流量,单位 L/s,当坡度大于 2.5% 的斜屋面或采用内檐沟集水时,设计雨水流量应乘以系数 1.5;q_i 为设计暴雨强度,单位 $L/(s \cdot hm^2)$;Φ 为径流系数,屋面的雨水径流系数可取 1.00,当采用屋面绿化时,应按绿化面积和相关规范选取径流系数,F_w 为汇水面积,单位 m^2。

(5) 雨水斗与雨水管管径选择

本案例中变电站屋面雨水排水管设计采用塑料管,管径根据《建筑给水排水设计标准》(GB 50015—2019)附录 G 选取。

雨水斗的设计流量根据式(6.10)计算,其中汇水面积取该雨水斗服务的面积。当两面相对的等高侧墙分别划分在不同的汇水区时,每个汇水区都应附加其汇水面积。

雨水斗根据《建筑屋面雨水排水系统技术规程》(CJJ142)中的表 3.2.4,选择 87 型雨水斗,雨水斗的设计流量不应超过此表规定的数值。

案例一变电站配电装置室屋面雨水排水计算结果如表 6.6 所示,雨水斗布置图如图 6.7 所示。

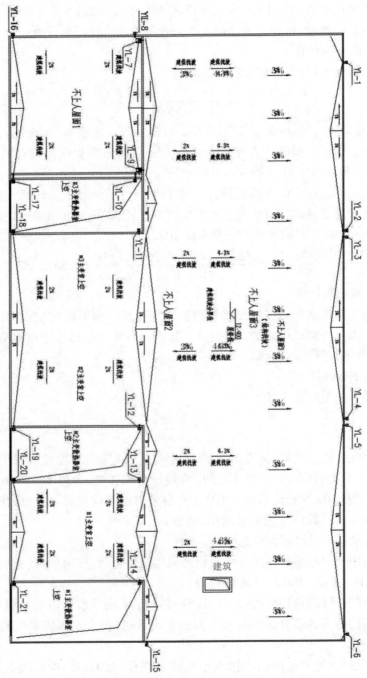

图 6.7　合肥某变电站配电装置室屋面雨水斗布置图

表 6.6　合肥某变电站配电装置楼屋面雨水管和雨水斗计算表

区域	立管(雨水斗)编号	汇水面积(m²)	雨水量(L/s)	管径(公称外径×壁厚)	雨水斗规格
配电装置楼	1	200.711	15.57	125×3.2	87 式/150
	2	200.711	15.57	125×3.2	87 式/150
	3	200.711	15.57	125×3.2	87 式/150
	4	200.711	15.57	125×3.2	87 式/150
	5	200.711	15.57	125×3.2	87 式/150
	6	200.711	15.57	125×3.2	87 式/150
	7	56.445	2.92	75×2.3	87 式/75
	8	62.873	3.25	75×2.3	87 式/75
	9	75.736	3.92	75×2.3	87 式/75
	10	57.93	3.00	75×2.3	87 式/75
	11	180.459	9.33	110×3.2	87 式/150
	12	177.827	9.20	110×3.2	87 式/150
	13	103.538	5.36	90×3.2	87 式/100
	14	103.538	5.36	90×3.2	87 式/100
	15	26.343	1.36	75×2.3	87 式/75
	16	63.155	3.27	75×2.3	87 式/75
	17	59.868	3.10	75×2.3	87 式/75
	18	87.939	4.55	90×3.2	87 式/100
	19	87.939	4.55	90×3.2	87 式/100
	20	45.192	2.34	75×2.3	87 式/75
	21	45.192	2.34	75×2.3	87 式/75

　　辅助用房屋面雨水排水计算结果如表 6.7 所列,雨水斗布置图如图 6.8 所示。雨水管布置图如图 6.9～图 6.10 所示。

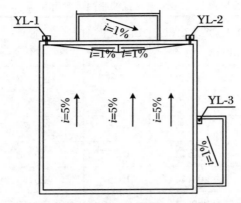

图 6.8　合肥某变电站辅助用房屋面雨水斗布置图

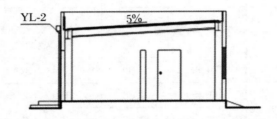

图 6.9　合肥某变电站辅助用房侧立面雨水管布置图

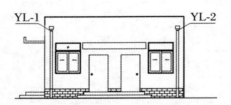

图 6.10　合肥某变电站辅助用房正立面雨水管布置图

表 6.7　合肥某变电站辅助用房屋面雨水管计算表

区域	立管(雨水斗)编号	汇水面积(m²)	雨水量(L/s)	管径(公称外径×壁厚)	雨水斗规格
辅助用房	1	21.777	1.69	75×2.3	87 式/75
	2	25.973	2.02	75×2.3	87 式/75
	3	3.595	0.19	75×2.3	87 式/75

　　消防泵房屋面雨水排水计算结果如表 6.8 所列,雨水斗布置图如图 6.11 所示。

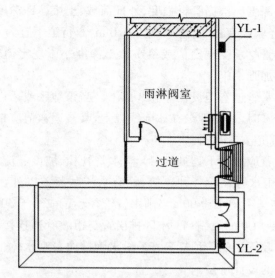

图 6.11　合肥某变电站消防泵房屋面雨水斗布置图

表 6.8　合肥某变电站消防泵房屋面雨水管和雨水斗计算表

区域	立管(雨水斗)编号	汇水面积(m²)	雨水量(L/s)	管径(公称外径×壁厚)	雨水斗规格
消防泵房	1	34.392	1.78	75×2.3	87式/75
	2	34.474	1.78	75×2.3	87式/75

5．室外雨水排水系统设计与计算

（1）一般规定

变电站内设置雨水管网时，雨水口的布置应根据地形、建筑物位置设置，道路交汇处、路面最低点和地下坡道入口处宜布置雨水口。

排水管道与其他管线及建(构)筑物最小净距应符合国家现行标准《室外排水设计标准》(GB 50014—2021)、《建筑给水排水设计标准》(GB 50015—2019)和《变电站总布置设计技术规程》(DL/T5056—2007)的规定。

管材应根据冰冻情况、断面尺寸、管内外所受压力、土质、地下水位、地下水腐蚀性及施工条件等因素进行选择。

管道接口应根据管道材质和地质条件确定。当管道穿过粉砂、细砂层并在最高地下水位以下，或在地震设防烈度为 7 度及以上设防区时，必须采用柔性接口。塑料管道与检查井应采用柔性连接。

管道基础应根据管道材质、接口形式和地质条件确定，埋地塑料排水管道不应采用刚性基础，对地基松软或不均匀沉降地段，管道基础应采取加固措施。

管顶最小覆土深度应根据管材强度、外部荷载、土壤冰冻深度和土壤性质等条件,结合当地埋管经验确定:人行道下宜为 0.6 m,车行道下宜为 0.7 m。管顶最大覆土深度超过相应管材承受规定值或最小覆土深度小于规定值时,应采用结构加强管材或采用结构加强措施。

冰冻地区的排水管道宜埋设在冰冻线以下。当该地区或条件相似地区有浅埋经验或采取相应措施时,也可埋设在冰冻线以上,其浅埋数值应根据该地区经验确定,但应保证排水管道安全运行。

雨水检查井设置应符合下列规定:1)雨水管管径、坡度、流向改变时,应设雨水检查井连接;2)雨水管在检查井连接,除有水流跌落差以外,宜采取管顶平接;3)连接处的水流转角不得小于90°;当雨水管管径小于或等于300 mm 且跌落差大于 0.3 m 时,可不受角度的限制;4)小区排出管与市政管道连接时,小区排出管管顶标高不得低于市政管道的管顶标高;5)雨水管道向景观水体、河道排水时,管内水位不宜低于水体的设计水位。

雨水检查井的最大间距可按表 6.9 确定。

表 6.9 雨水检查井的最大间距

管径(mm)	最大间距(m)
160(150)	30
200~315(200~300)	40
400(400)	50
≥500(≥500)	70

注:括号内是埋地塑料管内径系列管径

(2)室外雨水管布置与管材的选择

案例一变电站的站区总体竖向设计平整,无明显地形高差,西侧市政道路有雨水管网,可沿站区内环形道路布置管道,变电站室外雨水管道布置如图 6.12 所示,排水出路为站区西侧市政雨水管网。由于站区内地形坡度较小,按照平均 15 m 的间距布置检查井。雨水口位置根据现场竖向标高布置。雨水排水管均采用 PE 双壁波纹管,雨水口连接管及连接电缆沟与检查井之间的管道采用双壁波纹管。

(3)水力计算

变电站室外雨水排水设计流量应按下式计算:

$$Q = q\psi F \tag{6.11}$$

式中,Q 为雨水设计流量,单位 L/s;q 为设计暴雨强度,单位 L/(s·hm²);ψ 为径流系数;F 为汇水面积,单位 hm²。

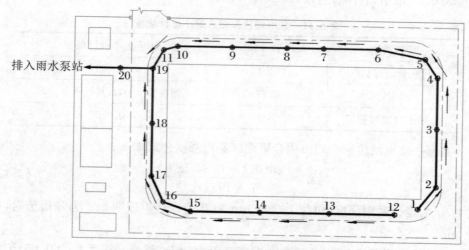

图 6.12　变电站室外雨水管道平面布置图

设计暴雨强度应按当地或相邻地区暴雨强度公式计算确定。雨水管渠设计重现期应根据汇水地区性质、地形特点和气候特征等因素确定。变电站雨水管渠设计重现期宜采用 2 年~3 年,重要地区可酌情增加。径流系数可按表 6.10 规定取值,汇水面积的平均径流系数按地面种类加权平均计算。

表 6.10　径流系数

地面种类	径流系数
混凝土和沥青路面	0.90
块石路面	0.60
级配碎石路面	0.45
干砖及碎石路面	0.40
非铺砌地面	0.30
绿地	0.15

雨水管渠的降雨历时应按下式计算:

$$t = t_1 + t_2 \tag{6.12}$$

式中,t 为降雨历时,单位 min;t_1 为地面集水时间,单位 min,应根据汇水距离、地形坡度和地面种类计算确定,宜采用 5~15 min;t_2 为管渠内雨水流行时间,单位 min。

雨水管道满流时最小设计流速一般不小于 0.75 m/s,如起始管段地形非常平坦,最小设计流速可减小到 0.60 m/s。排水管道的最小管径和相应最小设计坡度宜按表 6.11 取值,管网各管段管长见表 6.12。

表 6.11 最小管径和相应最小设计坡度

管道类别	最小管径(mm)	相应最小设计坡度
污水管、合流管	300	0.003
雨水管	300	塑料管 0.002,其他管 0.003
雨水口连接管	200	0.010

案例一变电站位于合肥市用合肥地区暴雨强度公式如下:

$$q = \frac{4850(1 + 0.846\lg P)}{(t + 19.1)^{0.896}} \tag{6.13}$$

式中,q 为设计暴雨强度,单位 L/(s·hm²);P 为设计重现期 a;t 为降雨历时,单位 min。

取设计重现期 $P = 3a$,地面集水时间 $t_1 = 10$ min,综合径流系数为 0.65,汇水面积划分如图 6.13 所示。

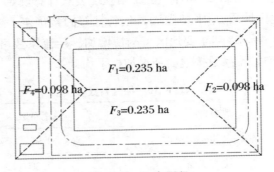

图 6.13 汇水面积

表 6.12 管道长度汇总表

计算管段编号	1-6	6-9	9-19	12-17	17-19	19-22
计算管段长度(m)	58.4	40	25	72	30.5	9

表 6.13 汇水面积划分表

计算管段编号	1-6	6-9	9-19	12-17	17-19	19-22
本段汇水面积(ha)	0.136	0.100	0.062	0.230	0.098	0.022
转输汇水面积(ha)	0	0.136	0.236	0	0.230	0.626
总汇水面积(ha)	0.136	0.236	0.298	0.287	0.328	0.648

选取长度为 58 m 的管段 1~6 为一个计算管段,由于该段为初始管段,$t =$

$t_1 = 10 \text{ min}$，$q = 4850 \times (1 + 0.846 \times \lg 3) \div (10 + 19.1)^{0.896} = 296.9 \text{ L/(s · ha)}$，该管段的汇水面积 $F = 0.136 \text{ ha}$，故该管段设计流量为 $Q = 296.9 \text{ L/(s · ha)} \times 0.65 \times 0.136 \text{ ha} = 26.3 \text{ L/s}$，管道坡度拟定为 0.004，查《给水排水设计手册》水力计算表选取 $D = 300 \text{ mm}$，$v = 1.12 \text{ m/s}$，管道允许通过流量 $Q_0 = 79.5 \text{ L/s}$，流速、流量均符合要求，故采用管径 300 mm 的管道，此时管段 1-6 的管内雨水流行时间 $t_2 = 58 \text{ m} \div 1.12 \text{ m/s} \div 60 = 0.87 \text{ min}$，将其代入下一个计算管段，按上述步骤进行计算。管道水力计算见表 6.14、表 6.15 和图 6.14 所示。

　　变电站室外雨水管网高程控制点有以下两处：1) 管道起点覆土厚度 0.7 m；2) 6～7 管段、12～13 管段与 2700×2300 电缆隧道交叉，隧道底高程 −3.1 m。根据控制高程进行计算，确定坡度和管底高程。

表 6.14 雨水管道水力计算表

设计管段编号	管长 L(m)	汇水面积 F(ha)	管内雨水流行时间 t_2 (min)		单位面积径流量 q_0 [L/(s·ha)]	设计流量 Q(L/s)	设计流速 (m/s)	允许通过流量 Q_0 (L/s)	管径 De (mm)	坡度 i (‰)
			$\sum \frac{L}{v}$	$\frac{L}{v}$						
1	2	3	4	5	6	7	8	9	10	11
1-6	58.4	0.136	0	0.87	296.9	26.3	1.12	79.5	344x22	4
6-9	40	0.236	0.87	0.6	288.9	44.3	1.12	79.5	344x22	4
9-19	25	0.298	1.47	0.31	283.9	55.0	1.36	79.5	344x22	4
12-17	72	0.23	0	0.64	296.9	44.4	1.12	79.5	344x22	4
17-19	30.5	0.328	0.64	0.37	287.2	61.2	1.36	79.5	344x22	4
19-22	9	0.648	1.78	0.1	283.9	119.6	1.58	171.2	464x32	4

表 6.15　雨水管道水力计算表(续表)

设计管段编号	坡降 iL(m)	设计地面标高(m)		管内底标高(m)		备注
		起点	终点	起点	终点	
12	12	13	14	15	16	17
1-6	0.234	0.000	0.000	−1.000	−1.234	
6-9	0.160	0.000	0.000	−4.000	−4.160	避让电缆隧道跌水 2.266 m,此处设跌水井
9-19	0.100	0.000	0.000	−4.160	−4.260	
12-17	0.288	0.000	0.000	−4.000	−4.288	避让电缆隧道,增加管道埋深
17-19	0.122	0.000	0.000	−4.288	−4.410	
19-22	0.030	0.000	0.000	−4.510	−4.540	

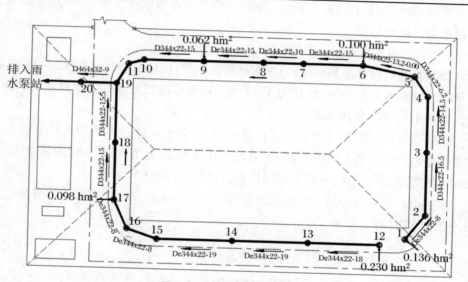

图 6.14　雨水管道平面图

6. 雨水泵池设计与计算

雨水泵池的特点是汛期运行,洪峰水量大,泵站规模大,扬程相对较低,雨水能否及时排除的社会影响大。大型雨水泵池的设计以使用轴流泵为主,要求尽量保持良好的进出水水力条件和降雨时运行管理的工作条件,充分估计有压进水和受纳水体高水位时出水发生的工况。变电站雨水泵池的服务面积小,需要排出的雨水量较小,属于小型雨水泵池。案例一变电站雨水泵池采用自灌式泵站,泵站的地下构筑物要求布置紧凑,节约占地,可将进水闸、格栅、出水池同集水池、机器间合建在一起,即采用一体化预制泵站设计。

案例一变电站采用湿式一体化预制泵站设计,将水泵间和进水井集成在同一个井筒内,水泵采用湿式安装,井筒内设置内部维修平台和地面控制面板,地面配套维修间。泵站底座内侧应采用流态优化设计,避免污泥沉积。湿式泵站的顶盖应高出周围地面 30 cm。

根据案例一室外雨水排水管网设计成果可知,变电站雨水总管设计流量为 431 m³/h,因此,设计湿式一体化预制泵站的排水量为 431 m³/h。

一体化预制泵站可采用提篮式格栅和粉碎式格栅。泵站雨水杂质较少时,宜设置提篮式格栅,杂质较多时,宜设置粉碎式格栅。提篮式格栅耦合在进水管路法兰,并配备有导杆和提升链;格栅间距不宜小于 40 mm;可手动提升倾倒栅渣,提升次数不大于 1 次/d。粉碎式格栅可耦合在进水管路法兰面上或安装在预制格栅井内。粉碎式格栅应配套人工格栅,在粉碎式格栅主机检修时放置在粉碎式格栅主机位置上,防止进水杂质进入泵站。案例一变电站雨水杂质含量少,设计预制泵站格栅采用提篮式格栅。

(1)有效容积计算

雨水泵池的设计最高水位,与进水管管顶相平,以地面标高 0.00 m 为基准,进水管管底标高为 −4.55 m,管径为 450 mm。雨水泵池集水池有效容积采用不小于最大一台水泵 30 s 的出水量。

一体化泵站采用液位控制水泵自动开停,各台水泵的开停利用液位自动控制技术有序进行。随着水位的升高,水泵按顺序逐台启动,而随着水位的降低,水泵按相反的顺序逐台停止,备用泵应同样参与运行,在运行中备用。

泵池内最高液位和最低液位之间的有效容积根据水泵每小时最大启停次数确定,采用下式计算:

$$V_{Eff} = \frac{Q_p}{4 \times Z_{max}} \tag{6.14}$$

式中,V_{Eff} 为泵站有效容积,单位 m³;Q_p 为泵站最大一台泵的流量,单位 m³/h;Z_{max} 为水泵每小时最大启停次数,一般不超过 6 次。

设计泵站采用两台潜污泵,一用一备,最大一台泵的流量为 431 m³/h,水泵每小时最大启停次数采用 5 次,因此,泵站有效容积为:

$V_{Eff} = 431 \div (4 \times 5) = 21.5$ m³。

(2)水泵选型计算

① 扬程计算

$$H = H_{ST} + \sum h \tag{6.15}$$

式中,H_{ST} 为静扬程,单位 m;$\sum h$ 为水头损失,单位 m。

本案例中变电站雨水经雨水泵池提升后强排入市政雨水管网,市政雨水管网管内底标高为 10.0 m,市政道路路面高程为 14.10 m,厂区内部雨水管末端管内底标高为 9.59 m。雨水管道纵断面高程见图 6.15 所示。

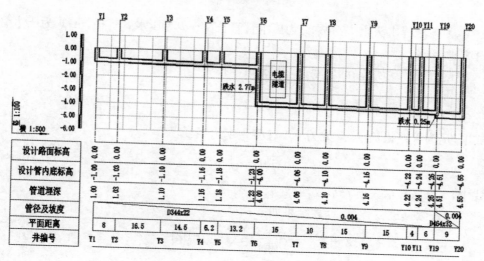

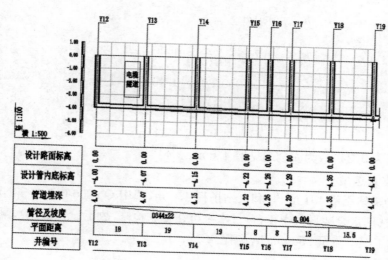

图 6.15　雨水管道纵断面图

静扬程 $H_{ST} = 10 - 9.59 = 0.41$ m

② 水头损失

$$\sum h = h_1 + h_2 + h_3 \tag{6.16}$$

式中,h_1 为水泵叶轮损失,单位 m;h_2 为吸水管水头损失,单位 m;h_3 为压水管水头损失,单位 m;

h_1 取 0.4 m,h_2 取 0.2 倍 H_{ST},即 0.08 m,$h_3 = h_f + h_j$;

h_f 为沿程水头损失；h_j 为局部水头损失。

$$h_f = \lambda \frac{l}{d} \frac{v^2}{2g} \tag{6.17}$$

式中，λ 为沿程水头损失系数；l 为压水管管长，m；d 为压水管管径，m；v 为压水管内流速，m/s。

压水管管长为 20 m，管径为 200 mm，则：

$$\lambda = \frac{8gn^2}{R^{\frac{1}{3}}} \tag{6.18}$$

式中，n 为管壁粗糙度，此处为 0.01；R 为水力半径。

$$hj = \xi \frac{v^2}{2g} \tag{6.19}$$

式中，ξ 为局部水头损失系数，此处取 1.2。

带入数据进行计算，计算结果如下：

$$\lambda = \frac{8 \times 9.8 \times 0.01^2}{0.05^{\frac{1}{3}}} = 0.021$$

$$h_f = 0.021 \times \frac{20}{0.2} \times \frac{3.81^2}{19.6} = 1.56 \, \text{m}$$

$$h_j = 1.2 \times \frac{3.81^2}{19.6} = 0.89 \, \text{m}$$

$$h_3 = 1.56 + 0.89 = 2.45 \, \text{m}$$

$$\sum h = 0.4 + 0.08 + 2.45 = 2.93 \, \text{m}$$

$$H = 0.41 + 2.93 = 3.34 \, \text{m}$$

所需扬程为 3.34 m，为安全起见取 4.0 m。

③ 水泵选型

根据泵站流量 431 m³/h 和泵站扬程 4.0 m，选用 QY250-6.5-7.5 型潜水泵 2 台，由于选用水泵数量大于 1 台，且水泵可在夏季检修，故不设置备用水泵，轴功率 7.5 kW，工况下流量 250 m³/h，扬程 6.5 m。

（3）通风

设计的湿式一体化泵站采用自然通风，并设置通风管，通风管管径设计为 200 mm。

6.3.2 工程案例二(户外变电站)

6.3.2.1 工程概况

以安徽省芜湖地区的某座 220 kV 变电站(户外变电站)为例，该变电站的给水水源来自市政自来水,排水采用自然排水和组织排水相结合的排水方式。变电站总占地面积 1.5371 hm²,站址处百年一遇洪水位为 14.30 m,不受内涝影响,场地高程 34.50 m。站址北侧为现状道路,北侧道路规划将建设市政给水管道、雨水管道和污水管道。

变电站总体平面布置:警卫室布置在南侧,紧邻进站大门;主变压器布置在站区中部;220 kV 配电装置布置在站区西侧;110 kV 配电装置布置在站区东侧;35 kV 配电装置室为单层建筑,布置在主变和 110 kV 配电装置区之间;电容器布置在站区北侧;消防泵房及水池布置于站区南侧。建筑物主要信息如表 6.16 所列。

表 6.16　全站主要建筑物一览表

建筑物名称	建筑面积 (m²)	层数	层高 (m)	高度 (m)	结构形式
35 kV 配电装置室	650	1	4.9	6.1	钢框架
警卫室	48	1	3.0	4.0	钢框架
消防泵房 及雨淋阀室	地上:60 地下:90	地上一层、 地下一层	地上:3.35 地下:4.50	4.3	地上:钢框架 地下:钢筋混凝土

6.3.2.2　设计内容

(1) 给水设计

站址附近有现状市政给水管网,水质水量满足变电站生活用水的要求,所以可采用市政自来水作为供水方式。本变电站用水量主要由生活用水和淋浴用水构成。由于水量、水压、水质需满足用水要求,生活给水系统采用直接供水方式。站内给水管道按照最高日最高时供水量、卫生器具用水定额及设计水压进行水力计算,管道敷设形式、位置、深度以及阀门设置需按照相关标准要求设计。

(2) 排水设计

站区内雨水、生活污水系统分流排放。雨水采用有组织排水方式,通过雨水井收集后排入北侧市政雨水管网;站区内生活污水通过污水管道排入化粪池,处理后排入市政污水管网。

雨水管道设计流量按照公式 $Q_s = q\psi F$ 计算,式中设计暴雨强度 q 采用当地暴雨强度公式,重现期 P 宜采用 2～3 年,地面集水时间 t 取 10 min;场地综合径流系数取 0.65;汇水面积 F 根据排水平面图确定。

生活污水量极小,化粪池根据污水量、污水停留时间和清掏周期选型。

6.3.2.3 给排水设计与计算

1. 室内给水系统设计与计算

本站按少人值班变电站设计,变电站内设置少数人员(一般 1－2 人)进行设备运行维护、倒闸操作、事故及异常处理、设备巡视、设备定期试验轮换等运行管理工作,再加上其他维修、维护人员,本站按照 4 人用水量进行计算。

(1)给水设计流量计算

最高日用水量计算与最大时用水量计算同案例一。

(2)给水管网水力计算

计算方法和步骤同案例一。案例二给水管平面图如图 6.16 所示,计算系统简图如图 6.17 所示,计算结果见表 6.17。

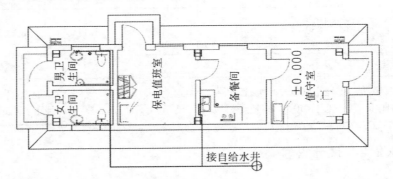

图 6.16 芜湖某变电站给水管平面图

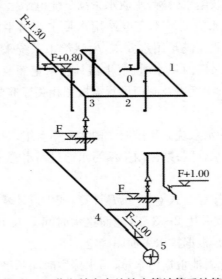

图 6.17 芜湖某变电站给水管计算系统简图

表 6.17　芜湖某变电站室内给水计算表

管段编号 自	管段编号 至	洗手盆	大便器(水箱)	洗涤盆	小便器	设计秒流量(L/s)	DN(mm)	v(m/s)	单位长度水头损失 i(kPa/m)	管长(m)	沿程水头损失(kPa)
		0.15*	0.1*	0.15*	0.1*						
		0.5**	0.3**	0.33**	0.1**						
0	1	1	1			0.15	15	0.85	0.72	2.382	1.72
1	2	1	1		1	0.15	32	0.19	0.02	3.631	0.07
2	3	1	1	1	1	0.15	32	0.19	0.02	3.491	0.07
3	4	2	2	1	1	0.22	32	0.27	0.04	13.904	0.56
4	5	2	2	1	1	0.2695	50	0.14	0.01	4.214	0.04
合　计											2.46

注:带 * 数据是卫生器具的额定流量,L/s;带 ** 数据是省卫生器具的同时给水百分数。

143

根据变电站设计资料和《建筑给水排水设计标准》(GB 50015—2019)，$H_1 = 3$ m，$H_2 = 2.46$ kPa，$H_3 = 30$ kPa，$H_4 = 10$ m。

$$H = H_2 + H_3 + 0.01(H_1 + H_4) = 2.46 + 30 + 0.01 \times (3 + 10) = 32.59 \text{ kPa}$$

另外，应考虑一定的富裕水头，一般按 10～30 kPa 计，因此，本变电站的警卫室给水引入管前所需水压 H 可以取 60 kPa。此外，对于居住建筑的生活给水管网，建筑层数为 1 层和 2 层时的最小服务水头分别为 100 kPa 和 120 kPa。本变电站的警卫室建筑层数为 1 层，因此，需要的最小服务水头为 100 kPa。一般市政管网供水压力都会大于等于 200 kPa，满足供水需求。案例二：给水管轴测图如图 6.18 所示。

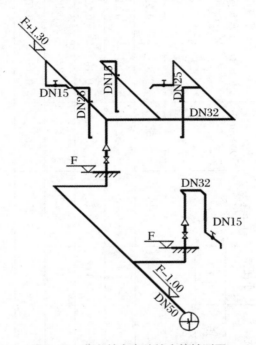

图 6.18　芜湖某变电站给水管轴测图

2. 室内污水排水系统设计与计算

（1）排水系统选择

案例二变电站室内污水排水设计选用双立管系统，管材选用 UPVC 管。

（2）变电站室内污水排水水力计算

分别绘制变电站警卫室的室内污水排水平面布置图（如图 6.19）和污水排水管计算简图（如图 6.20）。

变电站的警卫室室内污水排水量参照工业企业生活间计算，生活排水管设计秒流量计算方法同案例一。采用伸顶通气，管径为 DN100，采用塑料管。

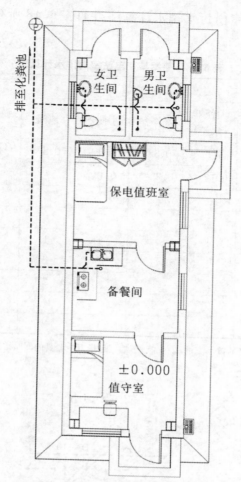

图 6.19 芜湖某变电站排水管平面图

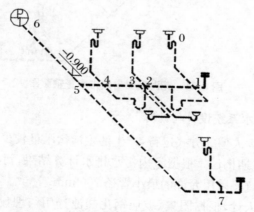

图 6.20 芜湖某变电站排水管计算简图

案例二:变电站室内污水排水计算结果如表 6.18 所列,排水管网轴测图如图 6.21 所示:

表 6.18 芜湖某变电站室内排水计算表

管段编号		卫生器具名称、数量、当量					设计秒流量(L/s)	DN(mm)	坡度 i
		洗手盆	大便器(水箱)	洗涤盆	小便器	地漏			
		0.1^*	1.5^*	0.33^*	0.1^*	0.8^*			
自	至	0.5^{**}	0.12^{**}	0.33^{**}	0.1^{**}	1^{**}			
0	1	1					1.5	50	0.026
1	2	1	1				1.5	110	0.012
2	3	1	1			1	1.5	110	0.012
3	4	1	1		1	2	1.84	110	0.012
4	5	2	2		1	2	2.07	110	0.012
7	5			1			0.33	110	0.012
5	6	2	2	1	1	2	2.18	110	0.012

注:带 * 数据是卫生器具的排水流量,L/s;带 ** 数据是指卫生器具的同时排水百分数。

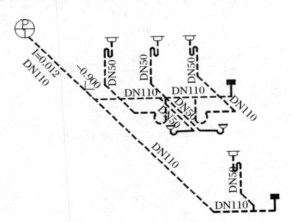

图 6.21 芜湖某变电站排水管轴测图

3. 室外污水排水系统设计与计算

由于变电站以少人值守方式运行,产生的生活污水量较少,所有污水通过污水管道排入化粪池,定期掏污。根据室内污水排水计算结果,污水总量为 2.18 L/s,室外污水管的管径直接采用允许的最小管径 200 mm。

站区人员按 4 人计,根据图集《玻璃钢化粪池选用与埋设》14SS706 计算选用 LGDCN-01-I 型玻璃钢化粪池,总容积为 2.5 m³,有效容积为 2.0 m³。

4．屋面雨水排水系统设计与计算

（1）雨水系统选择

案例二变电站屋面雨水设计选用重力流排除雨水，雨水经雨水管排到地面，再经过地面雨水井的收集排入市政雨水管。

（2）降雨强度计算

案例二所在地区芜湖市的降雨强度公式如下：

$$q = \frac{2094.971(1 + 0.633\lg P)}{(t + 11.731)^{0.710}} \tag{6.20}$$

式中，q 为设计雨水流量，单位 $L/(s \cdot hm^2)$；P 为设计重现期，单位 a；t 为降雨历时，单位 min；

设计降雨的重现期，采用 $P = 10$ a，屋面集水时间取 5 min，计算得：

$$q = \frac{2094.97(1 + 0.633\lg P)}{(t + 11.731)^{0.710}} = \frac{2049.97 \times (1 + 0.633 \times \lg 10)}{(5 + 11.731)^{0.710}}$$

$$= 462.660 \, L/(s \cdot hm^2)$$

（3）汇水面积计算

屋面雨水的汇水面积按屋面水平投影面积计算。高出裙房屋面的毗邻侧墙，应附加其最大受雨面正投影的 1/2 计算。屋面按分水线的排水坡度划分为不同排水区时，应分区计算汇水面积。

（4）雨水量计算

雨水设计流量应按下式计算：

$$q_y = \frac{q_i \varphi F_w}{10000} \tag{6.21}$$

式中，q_y 为设计雨水流量，单位 L/s，当坡度大于 2.5% 的斜屋面或采用内檐沟集水时，设计雨水流量应乘以系数 1.5；q_t 为设计暴雨强度，单位 $L/(s \cdot hm^2)$；Φ 为径流系数，屋面的雨水径流系数可取 1.00，当采用屋面绿化时，应按绿化面积和相关规范选取径流系数。F_w 为汇水面积，单位 m^2。

（5）雨水斗与雨水管管径选择

本案例中变电站屋面雨水排水管设计采用塑料管，管径根据《建筑给水排水设计标准》（GB 50015—2019）附录 G 选取。

雨水斗的设计流量根据式（6.21）计算，其中汇水面积取该雨水斗服务的面积。当两面相对的等高侧墙分别划分在不同的汇水区时，每个汇水区都应附加其汇水面积。雨水斗根据《建筑屋面雨水排水系统技术规程》（CJJ142—2014）表 3.2.4 选择，选择 87 型雨水斗，雨水斗的设计流量不应超过此表规定的数值。

案例二变电站配电装置室屋面雨水排水计算结果如表 6.19 所列，雨水斗布置图如图 6.22 所示,雨水管布置图如图 6.23 和图 6.24 所示。

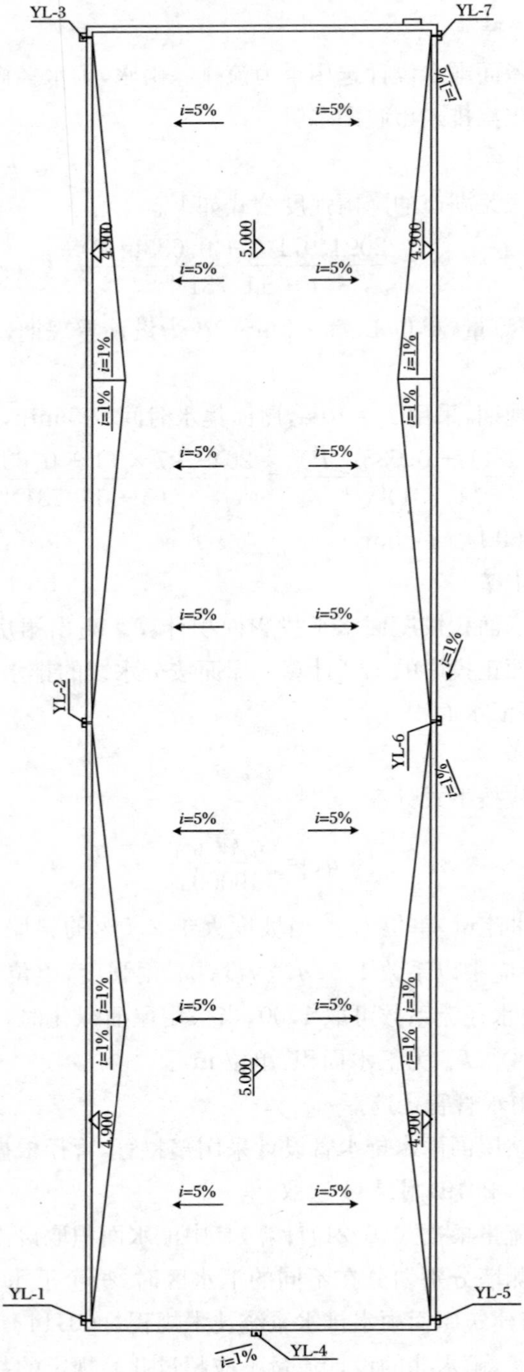

图 6.22　芜湖某变电站配电装置室屋面雨水斗布置图

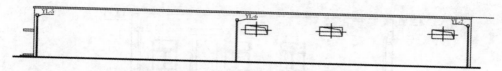

图 6.23 芜湖某变电站配电装置室侧立面雨水管布置图 1

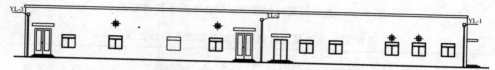

图 6.24 芜湖某变电站配电装置室侧立面雨水管布置图 2

表 6.19 芜湖某变电站配电装置室屋面雨水管和雨水斗计算表

区域	立管（雨水斗）编号	汇水面积（m²）	雨水量（L/s）	管径（公称外径×壁厚）	雨水斗规格
配电装置室	1	70.681	4.91	90×3.2	87 式/100
	2	150.659	10.46	110×3.2	87 式/150
	3	70.681	4.91	90×3.2	87 式/100
	4	2.52	0.12	75×2.3	87 式/75
	5	70.681	4.91	90×3.2	87 式/100
	6	155.699	10.81	110×3.2	87 式/150
	7	73.201	5.08	90×3.2	87 式/100

警卫室屋面雨水排水计算结果如表 6.20 的列、雨水斗布置图如图 6.25 所示、雨水管布置图如图 6.26 所示。

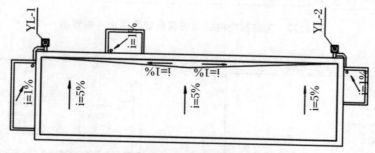

图 6.25 芜湖某变电站警卫室屋面雨水斗布置图

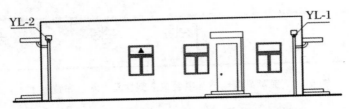

图 6.26　芜湖某变电站警卫室侧立面雨水管布置图

表 6.20　芜湖某变电站警卫室屋面雨水管计算表

区域	立管(雨水斗)编号	汇水面积（m²）	雨水量（L/s）	管径（公称外径×壁厚）	雨水斗规格
警卫室	1	28.797	2.00	75×2.3	87 式/75
	2	25.754	1.79	75×2.3	87 式/75

消防泵房屋面雨水排水计算结果如表 6.21 所列，雨水斗布置图如图 6.27 所示、雨水管布置图如图 6.28 和图 6.29 所示。

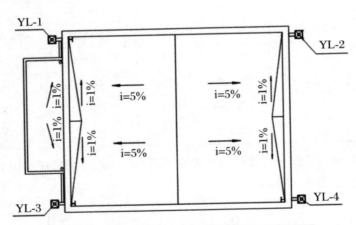

图 6.27　芜湖某变电站消防泵房屋面雨水斗布置图

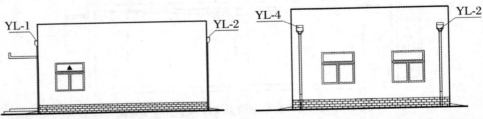

图 6.28　芜湖某变电站消防泵房侧立面雨水管布置图

图 6.29　芜湖某变电站消防泵房正立面雨水管布置图

表 6.21　芜湖某变电站消防泵房屋面雨水管和雨水斗计算表

区域	立管(雨水斗)编号	汇水面积/m²	雨水量(L/s)	管径(公称外径×壁厚)	雨水斗规格
消防泵房	1	17.184	1.19	75×2.3	87 式/75
	2	13.735	0.95	75×2.3	87 式/75
	3	17.184	1.19	75×2.3	87 式/75
	4	13.735	0.95	75×2.3	87 式/75

5. 室外雨水排水系统设计与计算

（1）室外雨水管布置与管材的选择

案例二芜湖某变电站的站区总体竖向设计平整,无明显地形高差,南侧市政道路有雨水管网,在站区内部根据地形布置雨水管道如图 6.30 所示,排水出路为站区西侧市政雨水管网。由于站区内地形坡度较缓,按照平均 20 m 的间距布置检查井。雨水口位置根据现场竖向标高布置。雨水排水管均采用 PE 双壁波纹管,雨水口连接管及连接电缆沟与检查井之间的管道采用双壁波纹管。

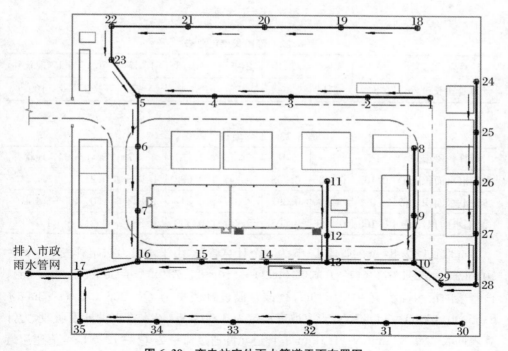

图 6.30　变电站室外雨水管道平面布置图

（2）水力计算

变电站位于芜湖,选用芜湖市暴雨强度公式:

$$q = \frac{2094.971(1 + 0.633\lg P)}{(t + 11.731)^{0.710}} \qquad (6.12)$$

式中,q 为设计暴雨强度,单位 L/(s·hm²);P 为设计重现期,单位 a;t 为降雨历时,单位 min。

取设计重现期 $P = 3$ a,地面集水时间 $t_1 = 10$ min,综合径流系数为 0.65,汇水面积划分如图 6.31 所示。各管段长度见表 6.22,各管段汇水面积计算结果见表 6.23。

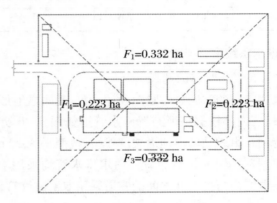

$F_1 = 0.332$ ha

$F_4 = 0.223$ ha

$F_2 = 0.223$ ha

$F_3 = 0.332$ ha

图 6.31 汇水面积

表 6.22 管道长度汇总表

计算管段编号	1-5	18-5	5-16	24-13	13-16	16-17	30-17	17-现状井
计算管段长度(m)	84	111	49	105	54.5	17	125	100

表 6.23 汇水面积计算表

计算管段编号	1-5	18-5	5-16	24-13	13-16	16-17	30-17	17-现状井
本段汇水面积(ha)	0.168	0.229	0.108	0.247	0.092	0.038	0.217	0
转输汇水面积(ha)	0	0	0.397	0	0.247	0.844	0	1.100
总汇水面积(ha)	0.168	0.229	0.505	0.247	0.339	0.882	0.217	1.100

选取长度为 84 m 的管段 1~5 为一个计算管段,由于该段为初始管段,$t = t_1 = 10$ min,$q = 2094.971 \times (1 + 0.633 \times \lg 3) \div (10 + 11.731)^{0.710} = 306.5$ L/(s·ha),该管段的汇水面积 $F = 0.168$ ha,故该管段设计流量为 $Q = 306.5$ L/(s·ha)$\times 0.65 \times 0.168$ha $= 33.5$ L/s,管道坡度拟定为 0.004,查《给水排水设计手册》水力计算表选取 $D = 300$ mm,$v = 1.12$ m/s,管道允许通过流量为 $Q_0 = 79.5$ L/s,流速流量均符合要求,故采用管径 300 mm 的管道,此时管段 1-5 的管内雨水流行时间 $t_2 = 84$ m $\div 1.12$ m/s $\div 60 = 1.24$ min,将其带入下一个计算管段,重复上述步骤进行计算。水力计算过程与结果见表 6.24、表 6.25 和图 6.32、图 6.33。

表 6.24 室外雨水管计算表

设计管段编号	管长 L(m)	汇水面积 F(ha)	管内雨水流行时间 t_2(min)		单位面积径流量 q_0[L/(s·ha)]	设计流量 Q(L/s)	设计流速 (m/s)	允许通过流量 Q_0 (L/s)	管径 D_e (mm)	坡度 i (‰)
			$\sum\frac{L}{v}$	$\frac{L}{v}$						
1	2	3	4	5	6	7	8	9	10	11
1~5	84	0.168	0	1.24	306.5	33.5	1.12	79.5	344x22	4
18~5	111	0.229	0	1.64	306.5	45.6	1.12	79.5	344x22	4
5~16	49	0.505	1.64	0.60	291.1	95.6	1.36	171.2	464x32	4
24~13	105	0.247	0	1.56	306.5	49.2	1.12	79.5	344x22	4
13~16	54.5	0.339	1.56	0.67	291.9	64.3	1.36	171.2	464x32	4
16~17	17	0.648	2.24	0.18	286.0	150.1	1.58	310.5	595x47.5	4
30~17	125	0.217	0	1.85	306.5	43.2	1.12	79.5	344x22	4
17~现状井	100	1.100	2.42	0.93	284.4	203.3	1.79	504.8	716x58	4

变电站室外雨水管网全线高程控制点为:1)管道起点覆土厚度 0.7 m;2)市政雨水井底标高:−3.6 m。根据控制高程进行计算,确定坡度和管底高程。

表 6.25 室外雨水管道计算表(续表)

坡降 iL(m)	设计地面标高(m)		管内底标高(m)	
	起点	终点	起点	终点
12	13	14	15	16
0.336	0.000	0.000	−1.000	−1.336
0.444	0.000	0.000	−1000	−1.444
0.196	0.000	0.000	−1.544	−1.740
0.756	0.000	0.000	−1.000	−1.420
0.218	0.000	0.000	−1.520	−1.738
0.068	0.000	0.000	−1.840	−1.908
0.496	0.000	0.000	−1.000	−1.496
0.400	0.000	0.000	−2.008	−2.408

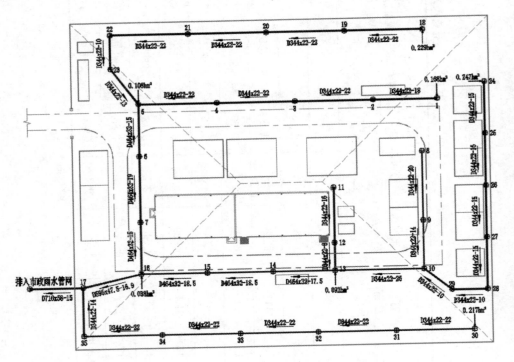

图 6.32 雨水管道平面图

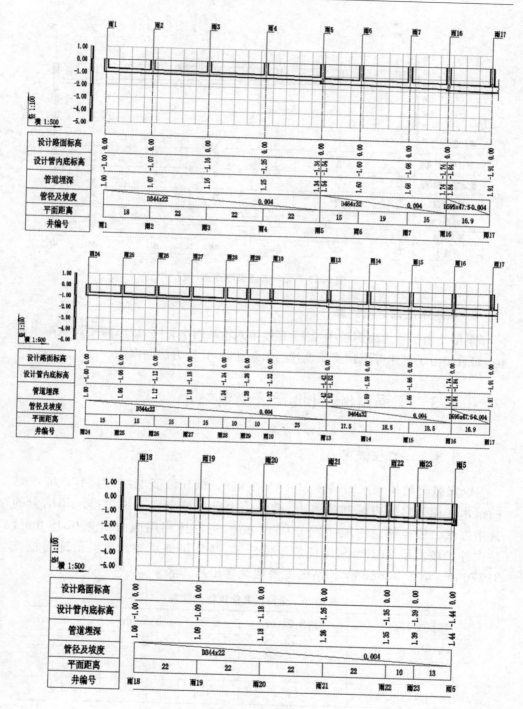

图 6.33　雨水管道纵断面图

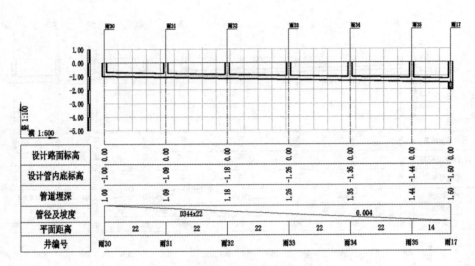

图 6.33　雨水管道纵断面图(续)

6. 雨水泵池设计与计算

案例二由于管道埋深较小,易于直接排入市政雨水管网,故不需要设置雨水泵池,如后续由于扩建等因素需要设置雨水泵池时,计算方法同案例一。

6.3.3　工程案例三(低丘区变电站)

6.3.3.1　工程概况

以安徽省池州地区的某座 220 kV 变电站(低丘区变电站)为例,该变电站的给水水源来自站内深井泵供水,排水采用自然排水和有组织排水相结合的排水方式。变电站总占地面积 1.0517 hm²,进站道路用地面积 0.0545 hm²,站内外护坡面积 2129 m²,站址位于低丘区,站址场地平整和边坡治理需挖方 31770 m³,填方 36680 m³。站区主要建筑物信息如表 6.26 所列。

表 6.26　全站主要建筑物一览表

建筑物名称	建筑面积(m²)	层数	层高(m)	高度(m)
35 kV 配电装置室	657	1	4.9	5.6
警卫室	48	1	2.7	3.7
消防泵房及雨淋阀室	57	1	3.9	4.8

6.3.3.2　设计内容

（1）给水设计

生活给水系统：站内深井泵取水用于建筑物生活给水，水量不低于 $10 \text{ m}^3/\text{h}$ 用水要求，水质需满足生活饮用水标准。

（2）排水设计

雨水排水系统：变电站室外排水系统采用雨污分流制，雨水排水按有组织排放方式设计，集中排放。

变电站地处安徽池州地区，选用当地暴雨强度公式，站区内雨水排水设计重现期为 2 年，地面集水时间取 10 min，站区场地综合径流系数取 0.65；站区外截洪沟设计重现期为 20 年，综合径流系数取 0.80。

建筑屋面/雨篷雨水采用外排和有组织排放。站区不设雨水泵池，雨水通过重力流从站址东侧排入站外疏通沟渠，汇流入站区东侧河流。

本站室内生活污水由污水管网收集至化粪池，由运行单位定期组织外运处理，不外排。

6.3.3.3　给排水设计与计算

案例三的室内给排水系统、室外污水排水系统、屋面雨水和室外雨水排水系统的设计计算方法同案例一。案例三重点进行变电站的截洪沟计算，本案例中变电站位于低丘区，站区的挖方区为岩质边坡为主，岩体类型属于 Ⅳ～Ⅴ 类，边坡最大高度约 12 m，站区的填方区为土质边坡，边坡最大高度约 14 m。因此，首先进行边坡方案设计，根据边坡设计方案和地形等条件设计排水方案。

1.　边坡设计

（1）挖方边坡设计

变电站挖方边坡主要为岩质边坡，岩体类型为 Ⅴ 类岩体为主，深部岩体为 Ⅳ 类，综合考虑边坡岩体类型、高度、坡向和结构面特征等因素，挖方边坡采用放坡方案，放坡坡率均按 1:1，坡面采用土工格室喷播绿化，护脚、马道和压顶采用 C20 素混凝土砌筑。详细设计方案如下：

① 边坡高度小于 8 m 时，采用一级放坡方案。

② 边坡高度大于 8 m 时，采用分级放坡，最大分级高度按 8 m，分级边坡之间设置马道，马道宽度 2.0 m。

（2）填方边坡设计

填方区填料则主要以碎石为主，碎石为挖方区挖方而来的块石土进行二次破碎形成，属于良好填料。综合考虑填料，边坡高度、坡脚地基土性质及水文地质条件等因素,高度较小且放坡条件允许的填方边坡,采用放坡方案,对于高度较大或放坡条件受限的填方边坡,则采用放坡+挡土墙方案,放坡坡面均采用空心六角砖+植草护坡。详细设计方案如下:

① 边坡高度小于8 m时,采用一级放坡方案,边坡坡率按1:1.5。局部边坡高度较小但放坡条件受限时,可直接采用挡土墙方案,挡土墙采用重力式挡土墙。

② 边坡高度大于8 m采用分级放坡或放坡挡土墙方案,放坡分级最大高度8 m,分级边坡之间设置马道,马道宽度2.0 m。当区段具有放坡条件时,采用直接放坡方案。

2. 雨水排水系统设计

本案例变电站的雨水排水系统包括边坡坡项、坡脚的地表截水沟、挡土墙墙面的泄水孔和排水沟等截排水系统。

变电站室外排水系统采用雨污分流制,雨水排水按有组织排放方式设计,集中排放。建筑屋面/雨篷雨水采用外排,有组织排放。站区不设雨水泵池,雨水通过重力流从站址东侧排入站外排水沟,汇流入站区东侧河流。

根据地形特点及山体的走向等因素,结合边坡设计和室外雨水排水设计成设置截洪沟。

3. 截洪沟水力计算

小流域洪峰流量的计算常采用地区经验公式法,地区经验公式是根据该地区河道上已有的水文站、雨量站等实测的暴雨洪水、流域特征、流域下垫面等资料,经分析、计算总结出来的一套适合在本地区使用的洪峰流量计算的公式和参数,由于地区差异,这些公式及参数不经过严格论证,不能推广或移用到其他地区。该方法的思路是先进行不同频率的暴雨分析,然后在地形图上或实地量测流域的几何特征参数,如流城面积、流域长度等,然后利用公式进行洪峰流量的计算。

根据案例三的相关资料,截洪沟的汇水面积较小,远远未达到小流域的面积要求,因此,案例三种截洪沟的洪峰流量是根据该地区的暴雨强度公式、汇水面积和综合径流系数计算确定。

(1) 暴雨强度公式与洪水流量

变电站位于安徽省池州地区,池州地区的暴雨强度公式如下:

$$q = 783.524 \frac{(1 + 0.58 \lg P)}{(t + 1.82)^{0.461}} \tag{6.23}$$

式中,q 为设计暴雨强度,单位 L/(s·hm²),P 为设计重现期,单位 a,t 为降雨历时,单位 min。

截洪沟取设计重现期 $P = 20$ a,地面集水时间 $t_1 = 10$ min,代入数据得

$$q = 783.524 \frac{(1 + 0.58 \lg P)}{(t + 1.82)^{0.461}} = 783.524 \times \frac{(1 + 0.58 \lg 20)}{(10 + 1.82)^{0.461}}$$

$$= 440.3[l/(s \cdot hm^2)]$$

变电站截洪沟布置如图 6.34 所示。

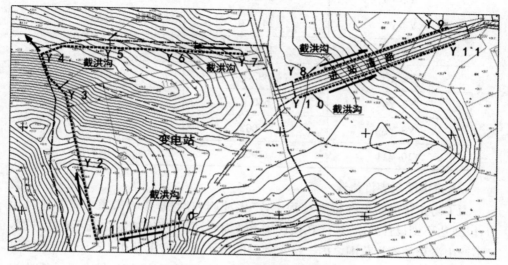

图 6.34　变电站截洪沟布置

　　根据所设计的各截洪沟位置,结合山体地形确定每条截洪沟的汇水面积。由于截洪沟处边坡坡度较大且硬质化率较高,因此取综合径流系数为 0.8。根据汇水面积及已确定的流量计算标准,计算出每条截洪沟的设计流量,洪水流量应按式(6.24)计算,截洪沟流量计算结果见下表。

$$Q = q\psi F \tag{6.24}$$

式中,Q 为雨水设计流量,单位 L/s;q 为设计暴雨强度,单位 $L/(s \cdot hm^2)$;ψ 为径流系数;F 为汇水面积,单位 hm^2。

　　本案例中变电站地处安徽池州地区,选用当地暴雨强度公式,对于变电站场站内部的雨水排水设计采用有组织排水,经雨水管网输送排至进变电站道路两侧的截洪沟;站内雨水排水设计重现期为 2 年,地面集水时间取 10 min,站区场地综合径流系数取 0.65,经雨水管网收集的变电站场站内部雨水流量为 195.79 L/s,故 Y8-Y9、Y10-Y11 段截洪沟流量为 97.875 L/s。变电站截洪沟汇水面积和流量计算如表 6.27 所列。

表 6.27 变电站截洪沟汇水面积和流量计算

截洪沟编号	汇水面积(m^2)	流量计算(L/s)
Y0-Y1	1577.2	55.556
Y1-Y2	1574.0	110.999
Y2-Y3	1423.1	161.127
Y3-Y4	1410.0	210.792
Y5-Y4	1081.3	89.435
Y6-Y5	897.3	51.348
Y7-Y6	560.4	19.741
Y8-Y9	11062	97.895
Y10-Y11	11062	97.895

（2）排洪明渠容许流速

为了防止排洪明渠在排洪过程中，产生冲刷和淤积，影响渠道稳定与排洪能力，以致达不到设计要求，因此在设计渠道断面时，要将流速控制在既不产生冲刷，又不产生淤积的容许范围之内。排水管渠的最小设计流速为 0.4 m/s。雨水明渠的最大设计流速如表 6.28 所列，本案例中设计采用混凝土明渠，最大设计流速规定为 4.0 m/s，当明渠水深小于 0.4 m 时，应按照下表所列最大设计流速乘以 0.85 计算，所以最大设计流速取 3.4 m/s。

表 6.28 雨水明渠的最大设计流速

明渠类别	最大设计流速(m/s)
粗砂或低塑性粉质黏土	0.8
粉质黏土	1.0
黏土	1.2
草皮护面	1.6
干砌块石	2.0
浆砌块石或浆砌砖	3.0
石灰岩和中砂岩	4.0
混凝土	4.0

（3）截洪沟断面设计

由于截洪沟均位于山坡中，为了减小开挖的断面宽度，降低施工难度，本案例中截洪沟采里矩形断面形式，排水沟采用现浇混凝土结构。

① 排洪能力计算

排水管渠的流量应按下式计算：

$$Q = Av \tag{6.25}$$

式中，Q 为排洪管渠在正常水深下通过的流量，m^3/s；A 为排洪管渠过水断面面积，m^2；v 为流速，m/s。

② 流速计算

恒定流条件下排水管渠的流速应按下式计算：

$$v = \frac{1}{n}R^{2/3}I^{1/2} \tag{6.26}$$

式中，v 为流速，单位 m/s；R 为水力半径，单位 m；I 为水力坡降；n 为粗糙系数。

③ 水力要素计算

排水明渠的水力要素有：过水断面面积 A、湿周 x、水力半径 R。

矩形断面明渠的过水断面面积和水力半径采用下式计算：

$$A = bh \tag{6.27}$$
$$R = bh/(b + 2h) \tag{6.28}$$
$$x = b + 2h \tag{6.29}$$

式中，A 为排洪明渠过水断面面积，单位 m^2；x 为湿周，单位 m；R 为水力半径，单位 m；b 为排洪明渠宽度，单位 m；h 为排洪明渠水深，单位 m。

④ 排洪明渠水力计算

设计流量为已知，从 $Q = Av = A\frac{1}{n}R^{2/3}I^{1/2} = bh\frac{1}{n}(bh/(b+2h))^{2/3}I^{1/2}$ 中可以看出两个未知变量底宽 b 和水深 h 都包含在一个公式之中。因此，直接求解 b 和 h 是困难的。试算法可以得到精确度较高的计算成果，在工程设计中广泛应用。计算步骤如下：

a. 假定水深 h 值，计算相应的过水断面面积 A、湿周 x、水力半径 R。

b. 根据水力半径 R 和粗糙系数 n，计算相应的流速 v_1。

c. 根据 A_1 和 v_1 计算相应的流量 Q_1。

d. 将计算的流量 Q_1 与设计流量 Q 相比较，若 Q_1 与 Q 误差大于 5%，则重新假定 h 值，重复上述计算，直到求得两者的误差小于 5% 为止。

采用试算法确定的各截洪沟断面尺寸和相关参数如表 6.29 所列。（截洪沟超高为 0.2 m）。

表 6.29 变电站截洪沟水力计算结果

截洪沟编号	设计流量 Q(L/s)	过水能力 Q_1(L/s)	渠道宽度 b(m)	渠道高度 (m)	水深 h(m)	渠底坡度 I (%)	粗糙系数 n	流速 v (m/s)
Y0-Y1	55.556	56.221	0.5	0.4	0.2	0.1	0.013	0.562
Y1-Y2	110.999	112.441	0.5	0.4	0.2	0.4	0.013	1.124
Y2-Y3	161.127	168.662	0.5	0.4	0.2	0.9	0.013	1.687
Y3-Y4	210.792	215.481	0.8	0.4	0.2	0.45	0.013	1.347
Y5-Y4	89.435	91.863	0.8	0.35	0.15	0.19	0.013	0.766
Y6-Y5	51.348	51.623	0.8	0.35	0.15	0.06	0.013	0.430
Y7-Y6	19.741	51.623	0.8	0.35	0.15	0.06	0.013	0.430
Y8-Y9	97.895	100.432	0.4	0.5	0.3	0.2	0.013	0.837
Y10-Y11	97.895	100.432	0.4	0.5	0.3	0.2	0.013	0.837

第7章 变电站消防设计

7.1 引　言

消防设计应贯彻"预防为主,防消结合"的工作方针。首先要根据变电站内火灾发生的特点,积极采取各种防火措施,消除火灾隐患,减少火灾发生的危险性;其次,要针对主变压器等电气设备,设置专门的消防设施;再次,要合理设计火灾自动报警及控制系统,以便尽早发现并扑灭早期火灾;最后,应在各建(构)筑物配置充足的灭火器。

7.2　消防设计规定

7.2.1　设计依据

变电站同一时间内的火灾次数宜按一次确定。变电站的消防设计应遵循现行消防规程或规范,这些规范或规程主要有:

(1)《建筑设计防火规范》(GB 50016—2014)(2018 版)

(2)《火力发电厂与变电站设计防火标准》(GB 50229—2019)

(3)《消防给水及消火栓系统技术规范》(GB 50974—2014)

(4)《水喷雾灭火系统技术规范》(GB 50219—2014)

(5)《建筑灭火器配置设计规范》(GB 50140—2005)

(6)《火灾自动报警系统设计规范》(GB 50116—2013)

(7)《电力设备典型消防规程》(DL 5027—2015)

7.2.2 建(构)筑物火灾危险性分类及耐火等级

站内生产的火灾危险性应根据生产中使用或产生物质的性质及其数量等因素进行分类,储存物品的火灾危险性应根据储存物品的性质和储存物品中的可燃物数量等因素进行分类。具体分类应符合《火力发电厂与变电站设计防火标准》(GB 50229)的规定,如表 7.1 所列。

表 7.1 建(构)筑物、设备火灾危险性分类及其耐火等级

配置场所		火灾危险性分类	耐火等级(级)
主控制楼		丁	二
继电器室		丁	二
阀厅		丁	二
户内直流开关场	单台设备油量 60 kg 以上	丙	二
	单台设备油量 60 kg 以下	丁	二
	无含油电气设备	戊	二
配电装置楼(室)	单台设备油量 60 kg 以上	丙	二
	单台设备油量 60 kg 以下	丁	二
	无含油电气设备	戊	二
油浸变压器室		丙	一
气体或干式变压器室		丁	二
电容器室(有可燃介质)		丙	二
干式电容器室		丁	二
油浸电抗器室		丙	二
干式电抗器室		丁	二
柴油发电机室		丙	二
空冷器室		戊	二
检修备品仓库	有含油设备	二	二
	无含油设备	戊	二
事故贮油室		丙	一
生活、工业、消防水泵房		戊	二
水处理室		戊	二

续表

配置场所	火灾危险性分类	耐火等级（级）
雨淋阀室、泡沫设备室	戊	二
污水、雨水泵房	戊	二

7.2.3　建(构)筑物安全疏散及建筑构造

蓄电池室、电缆夹层、继电器室、通信机房、配电装置室的门应向疏散方向开启，当门外为公共走道或其他房间时，该门应采用乙级防火门。配电装置室的中间隔墙上的门可采用分别向不同方向开启且宜相邻的 2 个乙级防火门。地上油浸变压器室的门应直通室外；地下油浸变压器室门应向公共走道方向开启，该门应采用甲级防火门；干式变压器室、电容器室门应向公共走道方向开启，该门应采用乙级防火门。配电装置室的中间隔墙上的门可采用分别向不同方向开启且宜相邻的 2 个乙级防火门。

变电站的平面布置应紧凑合理，站内的建(构)筑物与变电站外的建(构)筑物之间的防火间距应符合《建筑设计防火规范》(GB 50016—2014)(2018 版)中的有关规定。站内建筑物与设备之间的间距不应小于《火力发电厂与变电站设计防火规范》(GB 50229—2019)中表 11.1.5 中的规定。建(构)筑物构件的燃烧性能和耐火极限，应符合《建筑设计防火规范》(GB 50016—2014)(2018 版)中的有关规定。

7.2.4　电气设备及其他带油电气设备

油浸式主变压器的室内布置应符合《火力发电厂与变电站设计防火规范》(GB 50229—2019)中的有关规定。总油量超过 100 kg 的屋内油浸变压器，应设置单独的变压器室。屋内单台总油量为 100 kg 以上的电气设备，应设置挡油设施及将事故油排至安全处的设施。屋外单台油量为 1000 kg 以上的电气设备，应设置贮油或挡油设施。地下变电站的变压器应设置能贮存最大一台变压器油量的事故贮油池。

7.2.5　电缆及电缆敷设

电缆应实施防火分隔，严密封堵。长度超过 100 m 的电缆沟或电缆隧道，应采取防止电缆火灾蔓延的阻燃或分隔措施，并应根据变电站的规模及重要性采取以下一种或数种措施：

（1）采用耐火极限不低于 2.00 h 的防火墙或隔板，并用电缆防火封堵材料封堵电缆通过的孔洞；

（2）电缆局部涂防火涂料或局部采用防火带、防火槽盒。

对于 220 kV 及以上变电站，当电力电缆与控制电缆或通信电缆敷设在同一电缆沟或电缆隧道内时，宜采用防火隔板进行分隔。

7.3 建筑消防设施

7.3.1 消防给水及灭火设施

站区内建筑设置室内外消火栓系统、自动喷水灭火系统、水喷雾灭火系统、消防给水系统可合并设置。

7.3.1.1 消防水源

选择变电站水源时，应结合消防系统对水源的各项要求统筹考虑，消防给水系统的消防水源应有可靠的保证。市政给水、消防水池、天然水源等均可作为消防水源，并宜采用市政给水。

（1）市政给水：当市政给水管网连续供水时，消防给水系统可采用市政给水管网直接供水。用作两路消防供水的市政给水管网应满足：市政给水厂应至少有两条输水干管向市政给水管网输水；市政给水管网应为环状管网且应有不同市政给水干管上不少于两条引入管向消防给水系统供水。

（2）井水：当采用井水作为消防水源向消防给水系统直接供水时，其最不利水位应满足水泵吸水要求，最小出流量和水泵扬程应满足消防要求，且当需要两路消防供水时，水井不应少于两眼，每眼井的深井泵均应采用一级供电负荷。

（3）消防水池。如变电站地处干旱缺水地区，则可直接采用消防水池作为消防水源。消防水池的容量应满足火灾延续时间内消防用水量的要求。

7.3.1.2 消防用水量计算

根据《火力发电厂与变电站设计防火标准》（GB 50229—2019）规定，变电站同一时间内的火灾次数宜按一次确定。

消防用水量计算应符合下列规定：

（1）变电站消防给水量应按火灾时一次最大室内和室外消防用水量之和计算。

（2）室外消防用水量为变电站内厂房室外设置的消火栓、主变压器及高压电抗器等含油设备的水喷雾灭火系统需要同时开启的用水量之和。

（3）室内消防用水量为厂房室内设置的消火栓、自动喷水灭火系统等需要同时开启的用水量之和。

（4）在计算消防用水量时,应当注意关键词"同时开启",在扑救火灾时,不同的灭火系统作用不同,如站区中的消火栓、主变压器水喷淋系统,应予以叠加计算。在计算消防用水量时,取用水量较大系统的值即可。消防用水量计算公式为

$$Q = (q_1 h_1 + q_2 h_2 + q_3 h_3 \cdots q_n h_n) \times 3.6 \qquad (7.1)$$

式中,Q 为消防用水量,单位 m^3;$q_1 \sim q_n$ 为同时开启的灭火系统的消防用水量,单位 L/s;$h_1 \sim h_n$ 为同时开启的灭火系统的延续时间,单位 h。

7.3.2　室内外消火栓

7.3.2.1　设置条件

室内外消火栓的设置应满足以下条件:

（1）变电站内所有建筑物满足耐火等级不低于二级,体积不大于 $3000\ m^3$,火灾危险性为戊类时,可不设消防给水,即不设置室内外消火栓系统。

（2）变电站内建筑物满足下列条件时可不设室内消火栓,但宜设置消防软管卷盘或轻便消防水龙:

① 耐火等级为一、二级且可燃物较少的丁、戊类建筑物。

② 耐火等级为三、四级且建筑体积不超过 $3000\ m^3$ 的丁类厂房和建筑体积不超过 $5000\ m^3$ 的戊类厂房。

③ 室内没有生产、生活给水管道,室外消防用水取自储水池且建筑体积不超过 $5000\ m^3$ 的建筑物。

④ 远离城镇且无人值班的变电站。

（3）变电站内除(1)、(2)所述情形外,均应根据《火力发电厂与变电站设计防火标准》(GB 50229—2019)、《建筑设计防火规范》(GB 50016—2014 2018 版)及《消防给水及消火栓系统技术规范》(GB 50974—2014)的规定,合理设置室内外消火栓系统。室外消火栓的设置场所包括厂房、备品备件库、汽车库、变压器等。

（4）变电站设置消火栓系统时,对于容量为 125 MVA 及以上的大型变压器,除采用固定式灭火方式外,应考虑不小于 15 L/s 的消火栓水量。

（5）超过四层的多层工业建筑应设置消防水泵接合器。变电站中少见此类建筑,如果出现配电装置楼达到四层及以上的情况,应考虑设置消防水泵接合器。此外,当地下变电站室内设置水消防系统时,也应设置水泵接合器。

7.3.2.2　室内消火栓消防水量

（1）建筑物室内消火栓设计流量应符合《火力发电厂与变电站设计防火标准》（GB 50229—2019)的规定,即不应小于表7.2的规定。

表 7.2　室内消火栓用水量

建筑物名称	建筑高度 H(m)、体积 V(m^3)、火灾危害性			消火栓用水量（L/s）	同时使用消防水枪数（支）	每根竖管最小流量（L/s）
控制楼、配电装置楼及其他生产类建筑	$H\leqslant24$	丁、戊		10	2	10
		丙	$V\leqslant5000$	10	2	10
			$V>5000$	20	4	15
	$24<H\leqslant50$	丁、戊		25	5	15
		丙		30	6	15
检修备品仓库	$H\leqslant24$ 丁、戊			10	2	10

（2）室内消火栓设计应符合《火力发电厂与变电站设计防火标准》（GB 50229—2019)、《建筑设计防火规范》（GB 50016—2014)及《消防给水及消火栓系统技术规范》（GB 50974—2014)的规定。

7.3.2.3　室外消火栓消防水量

（1）建筑物室外消火栓设计流量应符合《火力发电厂与变电站设计防火标准》（GB 50229—2019)的规定,即不应小于表7.3的规定。

表 7.3　室外消火栓用水量(L/s)

建筑物耐火等级	建筑物类别	建筑物体积(m^3)				
		$V\leqslant1500$	$1500<V\leqslant3000$	$3000<V\leqslant5000$	$5000<V\leqslant20000$	$20000<V\leqslant50000$
一、二级	丙类厂房	15		20	25	30
	丁、戊类厂房	15				
	丁、戊类仓库	15				

（2）当变压器采用水喷雾灭火系统时,其室外消火栓用水量不应小于15 L/s。

（3）室外消火栓设计应符合《火力发电厂与变电站设计防火标准》（GB 50229—2019）、《建筑设计防火规范》（GB 50016—2014）及《消防给水及消火栓系统技术规范》（GB 50974—2014）的规定。

7.3.2.4　消火栓的选用和布置

1. 室外消火栓的选用和布置

（1）室外消火栓应采用湿式消火栓系统。

（2）室外消火栓宜采用地上式，室外地上式消火栓应有一个直径为 150 mm 或100 mm 和两个直径为 65 mm 的栓口，室外地下式消火栓应有直径为 100 mm 和65 mm 的栓口各一个。当采用室外地下式消火栓时，应有明显的永久性标志，地下消火栓井的直径不宜小于 1.5 m，且当室外地下式消火栓的取水口在冰冻线以上时，应采取保温措施。

（3）在道路交叉或转弯处的地上式消火栓附近，宜设置防撞设施。

（4）除采用水喷雾的油浸变压器、油浸电抗器消火栓之外，户外配电装置区域可不设消火栓。

（5）室外消火栓的数量应根据室外消火栓设计流量和保护半径经计算确定，保护半径不应大于 150.0 m，每个室外消火栓的出流量宜按 10～15 L/s 计算。

（6）室外消火栓应配置消防水带和消防水枪，带电设施附近的室外消火栓应配备直流/喷雾水枪。

2. 室内消火栓的选用和布置。

（1）室内环境温度不低于 4 ℃，且不高于 70 ℃的场所，应采用湿式室内消火栓系统。

（2）带电设施附近的室内消火栓应配备喷雾水枪。

（3）室内消火栓应设置在楼梯间及其休息平台和前室、走道等明显易于取用、以便于火灾扑救的位置，电气设备房间内不宜设置消防管道和室内消火栓。大房间、大空间需设置消火栓时应首先考虑设置在疏散门的附近，不应设置在死角位置。

（4）室内消火栓的保护半径可按下式计算：

$$R = kL_d + L_s \tag{7.1}$$

式中，R 为消火栓保护半径，单位 m；k 为水带弯曲折减系数，宜根据水带转弯数量取 0.8～0.9；L_d 为水带长度，单位 m；L_s 为水枪充实水柱长度在平面上的投影长度，单位 m；

当水枪倾角为 45° 时：

$$L_s = 0.71 S_k \tag{7.2}$$

式中，S_k 为水枪充实水柱长度，单位 m；按《消防给水及消火栓系统技术规范》（GB 50974—2014）的规定取值。

（5）室内消火栓宜按直线距离计算其布置间距。消火栓按两支消防水枪的两股充实水柱布置的建筑物，其消火栓的布置间距不应大于 30.0 m；消火栓按一支消防水枪的一股充实水柱布置的建筑物，其消火栓的布置间距不应大于 50.0 m。

（6）应采用 DN65 室内消火栓，并可与消防软管卷盘和轻便水龙设置在同一箱体内。

（7）栓口离地面高度宜为 1.10 m，其出水方向应便于消防水带的敷设，并宜与设置消火栓的墙面成 90°角或向下。

（8）设置室内消火栓的建筑应设置带有压力表的试验消火栓。多层建筑应在其屋顶设置，宜设置在水力最不利处，且应靠近出入口。严寒、寒冷等冬季结冰地区可设置在顶层出口处，应便于操作并采取防冻措施。

（9）室内消火栓栓口动压和消防水枪充实水柱，应符合下列规定：

① 消火栓栓口动压不应大于 0.50 MPa，当大于 0.70 MPa 时，必须设置减压装置。

② 变电站内厂房等场所，消火栓栓口动压不应小于 0.35 MPa，且消防水枪充实水柱应按 13 m 计算；其他场所，消火栓栓口动压不应小于 0.25 MPa，且消防水枪充实水柱应按 10 m 计算。

（10）室内消火栓应采用单栓消火栓。确有困难时可采用双栓消火栓，但必须为双阀双出口型。

7.3.3　消防水池、水箱

7.3.3.1　消防水池

（1）消防水池的有效容积应是火灾延续时间内，同时使用的各种灭火系统消防用水量之和。需要注意的是，当消防水池有两条独立的补水管时，其有效容积可减去火灾延续时间内补充的水量，补水量按出水量较小的补水管计算。

（2）消防水池的补水时间不宜超过 48 h。消防水池进水管管径应经计算确定，且不应小于 DN100。

（3）消防水池的出水、排水和水位应符合下列规定：

① 消防水池的出水管应保证消防水池的有效容积能被全部利用。

② 消防水池应设置就地水位显示装置，并应在控制中心或值班室等地点设置显示消防水位的装置，同时应有最高和最低报警水位。

③ 消防水池应设置溢流水管和排水设施,并应采用间接排水。

(4) 消防水池应设置通气管;消防水池的通气管、呼吸管和溢流水管等应采取防止鼠虫进入消防水池的技术措施。

(5) 存储室外消防用水的消防水池应符合下列规定:

① 应设置取水口(井),且吸水高度不应大于 6.0 m。

② 取水口(井)与建筑物(水泵房除外)的距离不宜小于 15 m。

③ 取水口与甲、乙、丙类及液化石油气等液体储罐的间距及要求见《石油化工企业设计防火规范》(GB 50160—92)的相关规定。

7.3.3.2　高位消防水箱

(1) 高位消防水箱分两种形式,即常高压消防给水系统的高位消防水箱和临时高压消防给水系统的屋顶消防水箱。变电站内将高位消防水箱作为常高压消防给水系统的一路供水情况很少见,因此不再赘述。作为临时高压消防给水系统的屋顶消防水箱,当室内消防给水设计流量小于或等于 25 L/s 时,水箱容积不应小于 12 m³;当大于 25 L/s 时,水箱容积不应小于 18 m³。

(2) 高位消防水箱的设置应符合下列规定:

① 高位消防水箱的设置位置应高于其所服务的灭火设施,且最低有效水位应满足灭火设施最不利点处的静水压力,并不应低于 0.10 MPa。当不能满足静水压力要求时,需设置稳压泵。

② 当高位消防水箱在屋顶露天设置时,水箱的人孔以及进出水管的阀门等应采取锁具或阀门箱等保护措施。

严寒、寒冷等冬季冰冻地区的消防水箱应设置在消防水箱间内,设置在非采暖房间时,环境温度或水温不应低于 5 ℃,其他地区宜设置在室内,当必须在屋顶露天设置时,应采取防冻隔热等安全措施,高位消防水箱与其基础应牢固连接。

③ 高位消防水箱的最低有效水位应根据出水管喇叭口和防止旋流器的淹没深度确定,当采用出水管喇叭口时,其淹没深度应根据水流速度和水力条件确定,但不应小于 600 mm;当采用防止旋流器时应根据产品确定,且不应小于 150 mm 的保护高度。

④ 高位消防水箱的设置尚应满足《消防给水及消火栓系统技术规范》(GB 50974—2014)关于高位消防水箱的有关要求。

(3) 不设置高位消防水箱的情况。消防水箱设置的目的,源于考虑火灾初期的一些突发情况使得消防管网无法正常供水。现行的国家规范及行业规范对变电站屋顶消防水箱的设置均未提及。在《火力发电厂与变电站防火标准》(GB 50229—2019)中,对火力发电厂不设置高位消防水箱及高位消防水箱的替代措施有详细阐述,变电站应与此统一。

根据《建筑设计防火规范》(GB 50016—2014),为安全起见,在有条件的情况下,宜设置消防水箱。而管网能否正常供水,主要取决于消防水泵能否正常运行,变电站动力保障得天独厚,既能提供双回路电源,又可以配备柴油驱动机代替双回路电源。按照国际上的通行做法,设置了电动泵及柴油驱动机驱动泵时,即可视为双电源,如有双格蓄水池的,可视为双水源,即可不设置高位消防水箱。

当设置高位消防水箱确有困难时,可设置符合下列要求的临时高压给水系统:

① 系统由消防水泵、稳压装置、压力监测及控制装置等构成。

② 由稳压装置维持系统压力,着火时,压力控制装置自动启动消防泵。

③ 稳压泵应设备用泵。稳压泵的工作压力应高于消防水泵的工作压力,其流量不宜少于 5 L/s。

7.3.4 消防水泵及水泵房

7.3.4.1 消防水泵

(1) 消防水泵的技术要求如下:

① 消防水泵的设计应符合《火力发电厂与变电站设计防火标准》(GB 50229—2019)及《消防给水及消火栓系统技术规范》(GB 50974—2014)的规定。

② 消防水泵应设置备用泵,备用泵的性能应与工作泵的性能一致。

③ 消防水泵外壳宜为球墨铸铁,叶轮宜为青铜或不锈钢材质。

④ 消防水泵应在水泵房内设置流量和压力测试装置。

(2) 消防水泵的选择要求如下:

① 变电站常用的临时高压消防给水系统的消防水泵应一用一备,或多用一备,备用消防水泵的工作能力不应小于其中最大一台工作消防水泵。

② 选择消防水泵时,其水泵性能曲线应平滑、无驼峰,消防水泵零流量时的压力不应大于设计工作压力的 140%,且宜大于设计工作压力的 120%。当出口流量为设计流量的 150%时,其出口压力不应低于设计工作压力的 65%。设计消防水泵时,应结合水泵的性能曲线合理选择。

7.3.4.2 稳压泵及气压水罐、稳压水罐

(1) 变电站内建筑物的功能和体量特点,决定了现有变电站中不设置高位消防水箱而设置稳压泵及气压水罐的情况较为普遍。也有变电站所处地域的消防部门要求必须设置消防水箱的情况,但较为少见。

(2) 当不设置高位消防水箱而设置稳压泵及气压水罐时,消防系统需满足本节关于高位消防水箱替代的相关规定。

(3) 稳压泵及稳压水罐应符合下列规定:

① 稳压泵宜采用单吸单级或单吸多级离心泵,泵外壳和叶轮等主要部件的材质宜采用不锈钢。稳压泵的设计流量不应小于消防给水系统管网的正常泄漏量和系统自动启动流量。消防给水系统管网的正常泄漏量应根据管道材质、接口形式等确定;当没有管网泄漏量数据时,稳压泵的设计流量宜按消防给水设计流量的 1%~3% 计,且不宜小于 1 L/s。消防给水系统所采用报警阀压力开关等自动启动流量应根据产品确定。

② 稳压泵吸水管应设置明杆闸阀,稳压泵出水管应设置消声止回阀和明杆闸阀。

③ 稳压泵的设计压力应满足系统自动启动和管网充满水的要求,并应保持系统自动启泵压力设置点处的压力在准工作状态时大于系统设置自动启泵压力值,且增加值宜为 0.07~0.10 MPa。稳压泵的设计压力应保持系统最不利点处灭火设施在准工作状态时的静水压力大于 0.15 MPa。

④ 当采用稳压水罐时,其调节容积应根据稳压泵启泵次数不大于 15 次/h 计算确定,稳压水罐的有效容积不宜小于 150 L。

7.3.4.3 消防水泵房

(1) 消防水泵房多为独立建造,也有附设在建筑物内的消防水泵房,多设置在首层。不宜设在有防振或安静要求房间的上一层、下一层和毗邻位置。当必须与上述房间上下或毗邻布置时,应根据《消防给水及消火栓系统技术规范》(GB 50974—2014)的相关规定执行。

(2) 消防水泵房管道系统设计要求。

① 消防水泵房应设不少于两条的供水管与环状管网连接,当其中一条出水管检修时,其余的出水管应能供应全部用水量。

② 一组消防水泵的吸水管不应少于两条,当其中一条损坏或检修时,其余吸水管应仍能通过全部水量。

③ 消防水泵吸水管和出水管上应设置压力表。出水管压力表的最大量程不应低于其设计工作压力的 2 倍,且不低于 1.6 MPa。消防水泵吸水管宜设置真空表、压力表或真空压力表,压力表的最大量程应根据工程具体情况确定,但不应低于 0.7 MPa,真空表的最大量程宜为 -0.10 MPa。压力表的直径不应小于 100 mm,应采用直径不小于 6 mm 的管道与消防水泵进出口管相接,并应设置关断阀门。

④ 在消防水泵出水管上装设报警阀等压力开关时,有些压力开关需要一定的流量才能启动,稳压泵的流量应大于压力开关的启动流量。

⑤ 消防水泵的吸水管上应设置明杆闸阀或带自锁装置的蝶阀,当设置暗杆阀门时应设有开启刻度和标志;当吸水管管径超过 DN300 时,宜设置电动阀门。

⑥ 每台消防水泵出水管上应设置 DN65 的试水管,并应采取排水措施;消防水泵出水管上宜设检查用的放水阀门、安全泄压及压力测量装置。

(3) 消防水泵房内应设置起重设施,并应符合下列规定:

① 消防水泵的质量小于 0.5 t 时,宜设置固定吊钩或移动吊架。

② 消防水泵的质量为 0.5～3 t 时,宜设置手动起重设备。

③ 消防水泵的质量大于 3 t 时,应设置电动起重设备。

(4) 设备布置要求。

① 消防水泵房的主要通道宽度不应小于 1.2 m;

② 相邻消防机组及机组至墙壁间的净距要求如表 7.4 所列。

表 7.4　相邻消防机组及机组至墙壁间的净距

序号	电动机容量 P(kW)	净距不宜小于(m)
1	$P < 22$ kW	0.6
2	22 kW $\leqslant P \leqslant 55$ kW	0.8
3	55 kW $< P < 255$ kW	1.2

注:当采用柴油机消防水泵时,机组间的净距宜按本表规定值增加 0.2 m,但不应小于 1.2 m。

③ 当消防水泵房内设有集中检修场地时,其面积应根据水泵或电动机外形尺寸确定,并应在周围留有宽度不小于 0.7 m 的通道。

(5) 消防水泵停泵水锤压力计算及技术措施。

消防水泵出水管应进行停泵水锤压力计算,当计算所得的水锤压力值超过管道试验压力值时,应采取消除停泵水锤的技术措施。停泵水锤消除装置应装设在消防水泵出水总管上,以及消防给水系统管网其他适当的位置。停泵水锤压力计算公式应根据《消防给水及消火栓系统技术规范》(GB 50974—2014)的相关规定执行。

7.3.5　消防管道、阀门及其敷设

7.3.5.1　消防管道设计要求

(1) 站区消防给水管网应布置为环状,并采用阀门分成若干独立段,每段内的

室外消火栓数量不宜超过 5 个。室内消防给水管网应布置为环状,当室外消火栓设计流量不大于 20 L/s,且室内消火栓不超过 10 个,无高位消防水箱和固定水灭火系统时,可布置为枝状。

（2）消防管道的管径应根据流量、流速、压力要求经计算确定,站区消防管道直径及室内消火栓竖管直径不应小于 DN100。

（3）系统管道的连接应埋地,管道敷设应满足荷载和冰冻深度的要求,过道路等处应加套管保护,在寒冷地区,管顶最小敷土应满足在最大冻深下 0.30 m。

7.3.5.2　阀门

（1）消防给水系统阀门根据所设置的场所可采用耐腐蚀的明杆闸阀、蝶阀、带启闭刻度的暗杆闸阀等,阀门宜采用球墨铸铁或不锈钢材质。

（2）寒冷地区的阀门井、室外消火栓井应采取防冻保温措施。

7.3.5.3　管材及管道敷设

（1）管材。消防给水系统埋地管道可选用球墨铸铁管、钢管、钢丝网骨架塑料复合管等管材,金属管道应采取接地和可靠防腐措施。埋地管道采用钢丝网骨架塑料复合管时应符合《消防给水及消火栓系统技术规范》(GB 50974—2014)的相关规定;室内外架空管道应采用热浸镀锌钢管等金属管材。

（2）管道连接。球墨铸铁管、钢管的连接方式有卡箍连接、螺纹连接、法兰连接和焊接连接。钢丝网骨架塑料复合管的连接方式有电热熔连接和法兰连接两种。

7.3.6　灭火器的配置

灭火器配置场所的火灾类别及危险等级应根据该场所内的物质及其燃烧特性进行分类,建(构)筑物、设备火灾类别及危险等级参照《火力发电厂与变电站设计防火标准》(GB 50229—2019)的规定,如表 7.5 所列。

表 7.5　建(构)筑物、设备火灾危险性分类及其耐火等级

配 置 场 所	火灾危险性分类	耐火等级（级）
主控制楼	丁	二
继电器室	丁	二
阀厅	丁	二

续表

配 置 场 所		火灾危险性分类	耐火等级（级）
户内直流开关场	单台设备油量 60 kg 以上	丙	二
	单台设备油量 60 kg 以下	丁	二
	无含油电气设备	戊	二
配电装置楼（室）	单台设备油量 60 kg 以上	丙	二
	单台设备油量 60 kg 以下	丁	二
	无含油电气设备	戊	二
油浸变压器室		丙	一
气体或干式变压器室		丁	二
电容器室（有可燃介质）		丙	二
干式电容器室		丁	二
油浸电抗器室		丙	二
干式电抗器室		丁	二
柴油发电机室		丙	二
空冷器室		戊	二
检修备品仓库	有含油设备	二	二
	无含油设备	戊	二
事故贮油室		丙	一
生活、工业、消防水泵房		戊	二
水处理室		戊	二
雨淋阀室、泡沫设备室		戊	二
污水、雨水泵房		戊	二

　　灭火器的配置场所指变电站内存有可燃气体、可燃液体和固体物质，有可能发生火灾、需要配置灭火器的所有场所。灭火器的配置场所，可以是一个房间，也可以是一个区域。

　　灭火器的配置应符合《建筑灭火器配置设计规范》（GB 50140—2005）、《手提式灭火器》（GB 4351.1—2005）、《推车式灭火器》（GB 8109—2005）及《电力设备典型消防规程》（DL5027—2015）的有关规定。

7.3.6.1　灭火器的设置要求

灭火器的配置应符合以下要求：

(1) 灭火器应设置在位置明显和便于取用的地点，且不得影响安全疏散。

(2) 露天设置的灭火器应有遮阳挡水和保温隔热措施，北方寒冷地区应设置在消防小室内。

(3) 对有视线障碍的灭火器设置点，应设置指示其位置的发光标志。

(4) 手提式灭火器宜设置在灭火器箱内或挂钩、托架上，其顶部离地面高度不应大于1.50m，底部离地面高度不宜小于0.08 m。灭火器箱不得上锁。

(5) 无人值班变电站应在入口处和主要通道处设置移动式灭火器。

(6) 各类变电站的灭火器配置规格和数量应按《建筑灭火器配置设计规范》(GB 50140—2005)计算确定，实配灭火器的规格和数量不得小于计算值。每个计算单元内配置的灭火器不得少于2具，每个设置点的灭火器不宜多于5具。

(7) 手提式灭火器充装量大于3.0 kg时应配有喷射软管，其长度不小于0.4 m，推车式灭火器应配有喷射软管，其长度不小于4.0 m。

7.3.6.2　灭火器的配置原则

灭火器的配置原则如下：

(1) 灭火器配置的设计与计算应按计算单元进行。灭火器最小需配灭火级别和数量的计算值应进位取整。

(2) 每个灭火器设置点实配灭火器的灭火级别和数量不得小于最小需配灭火级别和数量的计算值。

(3) 灭火器设置点的位置和数量应根据灭火器的最大保护距离确定，并应保证最不利点至少在1具灭火器的保护范围内。

(4) 灭火器配置设计的计算单元应按下列规定划分：当一个楼层或一个水平防火分区内各场所的危险等级和火灾种类相同时，可将其作为一个计算单元。当一个楼层或一个水平防火分区内各场所的危险等级和火灾种类不相同时，应将其分别作为不同的计算单元。同一计算单元不得跨越防火分区和楼层。计算单元保护面积的确定应按其建筑面积确定。

7.3.6.3　灭火器配置设计计算

1. 建筑物灭火器配置设计计算方法

(1) 计算单元的最小需配灭火级别应按下式计算：

$$Q = KS/U \tag{7.3}$$

式中，Q 为计算单元的最小需配灭火级别（A 或 B）；K 为修正系数；S 为计算单元的保护面积，m^2；U 为 A 类或 B 类火灾场所单位灭火级别最大保护面积，m^2。

（2）计算单元中每个灭火器设置点的最小需配灭火级别应按下式计算：

$$Q_e = Q/N \qquad (7.4)$$

式中，Q_e 为计算单元中每个灭火器设置点的最小需配灭火级别（A 或 B）；N 为计算单元中的灭火器设置点数。

2. 灭火器配置的设计计算流程

（1）确定各灭火器配置场所的火灾种类和危险等级。

（2）划分计算单元，计算各计算单元的保护面积。

（3）计算各计算单元的最小需配灭火级别。

（4）确定各计算单元中的灭火器设置点的位置和数量。

（5）计算每个灭火器设置点的最小需配灭火级别。

（6）确定每个设置点灭火器的类型、规格与数量。

（7）确定每具灭火器的设置方式和要求。

（8）在工程设计图上用灭火器图例和文字标明灭火器的型号数量与设置位置。

室外灭火器和黄砂配置可参考《电力设备典型消防规程》（DL5027—2015）。

7.4　设备消防设施

变压器、高压电抗器等电气设备主要有水喷雾灭火系统、排油注氮灭火装置和细水雾灭火系统等消防方式。

《火力发电厂与变电站设计防火标准》（GB 50229—2019）规定，单台（单相）容量在 125 MV·A 及以上的油浸式变压器、200 Mvar 及以上的油浸式电抗器应设置水喷雾灭火系统或其他固定式灭火装置。其他带油电气设备，宜配置干粉灭火器。作为备用的油浸式变压器、油浸式电抗器，可不设置火灾自动报警系统和固定式灭火系统。

《火力发电厂与变电站设计防火标准》（GB 50229—2019）中机组容量为 300 MW 及以上的燃煤电厂要求柴油发电机室及油箱、柴油机驱动消防泵泵组及油箱设置水喷雾、细水雾或自动喷水等固定式灭火系统，但相关国家标准及行业标准并未提及各种电压等级的变电站内柴油发电机室及油箱、柴油机驱动消防泵泵组及油箱是否需要此类固定式灭火系统。

7.4.1 设备消防技术要求

（1）油浸式主变压器、油浸式高压电抗器、柴油发电机室及油箱、柴油机驱动消防泵泵组及油箱设置水喷雾灭火系统等固定式灭火系统时，应按照《水喷雾灭火系统技术规范》（GB 50219—2014）执行。

（2）油浸式主变压器、油浸式高压电抗器设置排油注氮灭火装置等固定式灭火系统时，应按照《油浸变压器排油注氮装置技术规程》（CECS187:2005）执行。

（3）油浸式主变压器、油浸式高压电抗器设置固定式灭火系统时，灭火设施与高压电气设备带电（裸露）部分的最小安全净距应符合《高压配电装置设计规程》（DL/T5352—2018）的有关规定。

（4）柴油发电机室及油箱、柴油机驱动消防泵组及油箱设置细水雾灭火系统等固定式灭火系统时，设计应按照《细水雾灭火系统技术规范》（GB 50898—2013）的规定执行。

（5）在寒冷地区设置室外变压器水喷雾灭火系统时，应设置管路放空设施。

（6）干式变压器可不设置固定自动灭火系统。

（7）封闭空间内的变压器可采用气体灭火系统。

7.4.2 水喷雾灭火系统

7.4.2.1 基本设计参数

（1）系统的供给强度、持续供给时间和相应时间如表 7.6 所列。

表 7.6 系统的供给强度、持续供给时间和响应时间

防护目的	保护对象	供给强度 $L/(\text{min} \cdot \text{m}^2)$	持续供给时间（h）	响应时间（s）
电气火灾	油浸式电力变压器、油断路器	20	0.4	60
	油浸式电力变压器的集油坑	6		
	电缆	13		

（2）水雾喷头的工作压力，当用于灭火时不应小于 0.35 MPa。

（3）保护对象的保护面积应按其外表面面积确定，并应符合下列要求：

① 当保护对象外形不规则时，应按包容保护对象的最小规则形体的外表面面积确定。

② 变压器的保护面积除应按扣除底面面积以外的变压器油箱外表面面积确定外,尚应保护散热器的外表面面积和储油柜及集油坑的投影面积。

7.4.2.2　喷头与管道布置

(1) 水雾喷头、管道与电气设备带电(裸露)部分的安全净距应符合《高压配电装置设计技术规范》(DL/T5352—2018)的规定。

(2) 水雾喷头与保护对象之间的距离不得大于水雾喷头的有效射程。

(3) 水喷雾灭火系统的保护对象为变压器时,水雾喷头的布置应符合下列要求:

① 变压器绝缘子升高座孔口、储油柜、散热器、集油坑应设水雾喷头保护;

② 水雾喷头之间的水平距离与垂直距离应满足水雾锥相交的要求。

(4) 水雾喷头的平面布置方式可为矩形或菱形。当按矩形布置时,水雾喷头之间的距离不应大于1.4倍水雾喷头的水雾锥底圆半径;当按菱形布置时,水雾喷头之间的距离不应大于1.7倍水雾喷头的水雾锥底圆半径。水雾锥底圆半径应按下式计算:

$$R = B\tan\frac{\theta}{2} \tag{7.5}$$

式中,R 为水雾锥底圆半径,单位 m;B 为水雾喷头的喷口与保护对象之间的距离,单位 m;θ 为水雾喷头的雾化角,单位(°)。

(5) 水雾喷头应选用离心雾化型水雾喷头。

(6) 用于变压器的水喷雾灭火装置应设置雨淋报警阀组,雨淋报警阀组的功能及配置应符合下列要求:

① 接收电控信号的雨淋报警阀组应能电动开启,接收传动管信号的雨淋报警阀组应能液动或气动开启。

② 应具有远程手动控制和现场应急机械启动功能。

③ 在控制盘上应能显示雨淋报警阀开、闭状态。

④ 宜驱动水力警铃报警。

⑤ 雨淋报警阀进出口应设置压力表。

⑥ 电磁阀前应设置可冲洗的过滤器。

(7) 系统的供水控制阀采用电动控制阀或气动控制阀时,应符合下列规定:

① 应能显示阀门的开、闭状态。

② 应具备接收控制信号开、闭阀门的功能。

③ 阀门的开启时间不宜大于 45 s。

④ 应能在阀门故障时报警,并显示故障原因。

⑤ 应具备现场应急机械启动功能。

⑥ 当阀门安装在阀门井内时,宜将阀门的阀杆加长,并宜使电动执行器高于井顶。

⑦ 气动阀宜设置储备气罐,气罐的容积可按与气罐连接的所有气动阀启闭 3 次所需气量计算。

(8) 雨淋报警阀前的管道应设置可冲洗的过滤器,过滤器滤网应采用耐腐蚀金属材料,其网孔基本尺寸应为 0.600～0.710 mm。

(9) 给水管道应符合下列规定。

① 过滤器与雨淋报警阀之间及雨淋报警阀后的管道,应采用内外热浸镀锌钢管、不锈钢管或铜管;需要进行弯管加工的管道应采用无缝钢管。

② 管道工作压力不应大于 1.6 MPa。

③ 系统管道采用镀锌钢管时,公称直径不应小于 25 mm;采用不锈钢管或铜管时,公称直径不应小于 20 mm。

④ 系统管道应采用沟槽式管接件(卡箍)、法兰或丝扣连接,普通钢管可采用焊接。

⑤ 沟槽式管接件(卡箍),其外壳的材料应采用牌号不低于 QT450—12 的球墨铸铁。

⑥ 应在管道的低处设置放水阀或排污口。

(10) 为了防止堵塞,要求系统在减压阀入口前设置过滤器。由于水喷雾灭火系统在雨淋报警阀前的入口管道上要求安装过滤器,因此,当减压阀和雨淋报警阀距离较近时,两者可合用一个过滤器。为有利于减压阀稳定正常工作,当垂直安装时,宜按水流方向向下安装。

(11) 与报警阀并联连接的减压阀,应设有备用的减压阀。

7.4.2.3　水力计算

(1) 水雾喷头的流量应按下式计算:

$$q = K \sqrt{10P} \tag{7.6}$$

式中,q 为水雾喷头的流量,单位 L/min;P 为水雾喷头的工作压力,单位 MPa;K 为水雾喷头的流量系数,取值由喷头制造商提供。

(2) 保护对象所需水雾喷头的计算数量应按下式计算:

$$N = \frac{SW}{q} \tag{7.7}$$

式中,N 为保护对象所需水雾喷头的计算数量,单位只;S 为保护对象的保护面积,单位 m²;W 为保护对象的设计供给强度,单位 L/(min·m²)。

（3）系统的计算流量应按下式计算：

$$Q_c = \frac{1}{60}\sum_{i=1}^{n} q_i \qquad (7.8)$$

式中，Q_c 为系统的计算流量，单位 L/s；n 为系统启动后同时喷雾的水雾喷头的数量，单位只；q_i 为水雾喷头的实际流量，应按水雾喷头的实际工作压力计算，单位 L/min。

（4）系统的设计流量应按下式计算：

$$Q_d = kQ_c \qquad (7.9)$$

式中，Q_d 为系统的设计流量，单位 L/s；k 为安全系数，不应小于 1.05。

（5）系统管道采用普通钢管或镀锌钢管时，其单位长度水头损失应按下式计算：

$$i = 0.0000107 \frac{U^2}{d_c^{1.3}} \qquad (7.10)$$

式中，i 为管道的单位长度水头损失，单位 MPa/m；U 为管道内水的平均流速，单位 m/s；d_c 为管道的计算内径，单位 m。

（6）系统管道采用不锈钢管或铜管时，其单位长度水头损失应按下式计算：

$$i = 105C_h^{-1.85} d_c^{-4.87} q_g^{1.85} \qquad (7.11)$$

式中，i 为管道的单位长度水头损失，单位 kPa/m；q_g 为管道内的水流量，单位 m³/s；d_c 为海澄-威廉系数，铜管、不锈钢管取 130。

（7）雨淋报警阀的局部水头损失应按 0.08 MPa 计算，管道的局部水头损失采用当量长度法计算，或按管道沿程水头损失的 20%～30% 计算。

（8）系统管道入口的压力为：

$$H = \sum h + h_0 + Z/100 \qquad (7.12)$$

式中，H 为系统管道入口的计算压力，单位 MPa；$\sum h$ 为系统管道沿程水头损失与局部水头损失之和，单位 MPa；h_0 为最不利点水雾喷头的实际工作压力，单位 MPa；Z 为最不利点水雾喷头与系统管道入口的静压差，单位 m。

7.4.4 排油注氮灭火装置

（1）排油注氮灭火装置是专门用于油浸式变压器防护和灭火的一种装置，当变压器内部故障压力升高，将导致变压器箱体爆裂时，该装置能有效地释放压力，防止爆裂，防止火灾发生。

（2）当油浸式变压器采用排油注氮灭火装置时，应根据单台油浸式变压器的容量、油量、构造及其周围环境等条件进行工程设计。

（3）排油注氮灭火装置的氮气应选用纯度不低于 99.99% 的工业氮气。氮气瓶配置可参照《油浸变压器排油注氮装置技术规程》（CECS187：2005）执行。

（4）油浸式变压器需预留用于排油注氮灭火装置的排油孔与注氮孔。排油孔应设置在变压器的端面距变压器油箱顶部 200 mm 处，并应配备焊接的排油管。注氮孔应均匀对称布置在变压器两侧距变压器油箱底部 100 mm 处，并应配备 DN25 的焊接注氮管。注氮孔的数量应根据油浸式变压器的储油量确定。

（5）消防柜宜布置在变压器旁，与排油连接阀的距离不应小于 3 m，不宜大于 8 m。

（6）消防柜排油管应接至事故油池或储油罐等变压器事故泄油设施，一般的做法是将排油管接至变压器事故排油管，进而将油排至站区事故油池。

（7）排油注氮灭火装置的设计按照《油浸变压器排油注氮装置技术规程》（CECS187：2005）执行。

7.4.5　细水雾灭火系统

细水雾灭火系统可代替气体灭火系统和水喷雾灭火系统，并可扑灭 A、B、C 类火灾。细水雾系统的灭火机理是冷却，同时伴有局部稀释氧浓度的窒息灭火和把可燃物与火焰以及氧隔离开来的隔离灭火。

细水雾灭火系统的灭火效果离不开火灾试验验证。规范要求供货商生产的细水雾灭火系统成套产品的技术性能应符合相关产品、试验方法等国家标准的有关规定。供货商不仅要提供细水雾灭火装置的灭火试验测试报告，而且要提供相应产品的设计性能参数。

7.4.5.1　分类

（1）按系统压力，可分为 3 个系统。

① 低压系统，系统压力低于 1.21 MPa。

② 中压系统，系统压力在 1.21～3.45 MPa。

③ 高压系统，系统压力高于 3.45 MPa。

（2）按作用区域大小，可分为全淹没系统、局部应用系统和区域系统。当细水雾系统保护的空间为一个封闭空间的一部分时，为区域细水雾灭火系统。

7.4.5.2　设置场所

细水雾灭火系统可用于防护以下场景或设备：

（1）柴油发电机房和柴油泵。

（2）燃油燃气锅炉房、直燃机房等场所。

（3）油浸式变压器。油浸变压器室宜采用局部应用方式的开式系统。

7.4.5.3　设计参数

（1）细水雾系统一般宜采用全淹没灭火系统。

（2）细水雾灭火系统没有具体的设计参数。具体参数与细水雾特性（粒径、强度和碰头与保护对象的距离等）、保护场景的火灾危险性（A、B、C 类火灾和电气火灾等）和保护场景的环境条件（空间高度、缝隙、室内外等）等有关。

（3）开式系统的一个防护区面积不宜大于 500 m²，容积不宜大于 2000 m³。当防护区面积或容积比较大时，应经过专门认证。闭式系统最小空间作用面积为房间的面积（不宜小于 140 m²），大空间应经认证确定。

（4）设计时应以系统或喷头认证设计参数或设备商提供的试验数据为设计依据。考虑我国实际情况，为便于设计，在参考国内、外主要细水雾灭火系统生成商的相关试验结果和技术资料的基础上，归纳总结出一些典型的系统设计参数值，当无数据时可以参考下列参数设计：

① 面积喷水强度为 1~3 L/(min·m²)。

② 体积喷水强度为 0.05~0.1 L/(min·m³)。

（5）设计火灾延续时间宜符合以下规定：

① 用于保护电子信息系统机房、配电室等电子、电气设备间，电缆隧道和电缆夹层等场所时，系统的设计持续喷雾时间不应小于 30 min。

② 用于保护油浸变压器室、涡轮机房、柴油发电机房等含有可燃液体的机械设备间时，系统的设计持续喷雾时间不应小于 20 min。

（6）B 类火灾宜连续喷雾；A 类火灾为增加火灾的蒸发量，在试验数据确认的情况下，可采用间歇喷雾方式灭火。

（7）细水雾系统的响应时间不宜大于 45 s。

（8）一套系统保护的防护区的数量不应超过 8 个，当超过 8 个防护区时需增设备用量，备用量不应小于设计用水量。

7.4.5.4　水力计算

水力计算按照《细水雾灭火系统技术规范》（GB 50898—2013）的规定执行。

（1）系统管道的水头损失应按下列公式计算：

$$P_f = 0.2252 \frac{fL\rho Q^2}{d^5} \qquad (7.13)$$

式中，P_f 为管道的水头损失，包括沿程水头损失和局部水头损失，单位 MPa；Q 为管道的流量,单位L/min;L 为管道计算长度,包括管段的长度和该管段内管接件、阀门等的当量长度,单位 m;d 为管道内径,单位 mm;f 为摩阻系数,根据 Re 和 $\triangle$ 值按图 7.1 确定;ρ 为流体密度,根据表 7.7 确定,单位 kg/m³;Re 为雷诺数;μ 为动力黏度(cp),根据表7.7确定;$\triangle$ 为管道相对粗糙度;E 为管道粗糙度,单位 mm;对于不锈钢管,取 0.045 mm。

表 7.7　水的密度及其动力黏度系数

温度(℃)	水的密度(kg/m³)	水的动力黏度系数(cp)
4.4	999.9	1.50
10.0	999.7	1.30
15.6	998.8	1.10
21.1	998.0	0.95
26.7	996.6	0.85
32.2	995.4	0.74
37.8	993.6	0.66

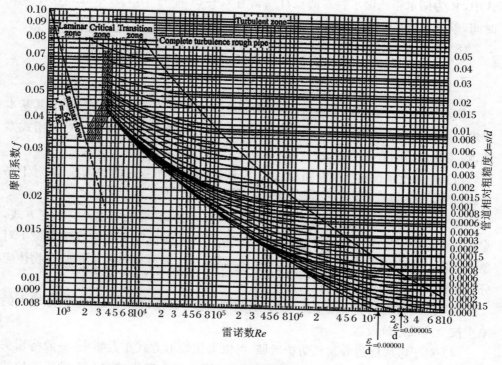

图 7.1　莫迪图

当系统的管径大于或等于 20 mm 且流速小于 7.6 m/s 时,其管道的水头损失也可按下式计算:

$$P_f = 6.05 \frac{LQ^{1.85}}{C^{1.85} d^{4.87}} \times 10^4 \qquad (7.14)$$

式中,(1) C 为海澄-威廉系数;对于钢管和不锈钢管,取 130。

(2) 管件和阀门的局部水头损失宜根据其当量长度计算。

(3) 系统管道内的水流速度不宜大于 10 m/s,不应超过 20 m/s。

(4) 系统的设计供水压力应按下式计算:

$$P_t = \sum P_f + P_e + P_e \qquad (7.15)$$

式中,P_t 为系统的设计供水压力,MPa;P_t 为最不利点处喷头与储水箱或储水容器最低水位的高程差,MPa;P_t 为最不利点处喷头的工作压力,MPa。

(5) 喷头的设计流量计算与水喷雾灭火系统相同,应按公式(7.6)计算。

(6) 系统的设计流量计算与水喷雾灭火系统相同,应按公式(7.8)计算。

(7) 系统储水箱或储水容器的设计所需有效容积应按下式计算:

$$V = Q_s \cdot t \qquad (7.16)$$

式中,V 为储水箱或储水容器的设计所需有效容积,单位 L;t 为系统的设计喷雾时间,单位 min。

(8) 泵组系统储水箱的补水流量不应小于系统设计流量。

7.4.5.5 喷头的选择与布置

细水雾喷头一般按矩形布置,也有按其他形式布置的。对于开式系统,其基本要求是要能将细水雾均匀分布并充填防护空间,完全遮蔽保护对象。对于闭式系统,喷头的覆盖面应无空白。

(1) 全淹没系统喷头宜按矩形、正方形或菱形均衡布置在防护区顶部,对于高度超过 4 m 的防护区空间宜分层布置。

(2) 局部应用系统由于产品不同且保护对象各异,其喷头布置没有固定方式,需要结合保护对象的几何形状进行设计,以保证细水雾能完全包络或覆盖保护对象或部位。一般宜均衡布置在被保护物体周围,对于高度超过 4 m 的较高物体应分层布置。

(3) 区域系统是采用细水雾喷头把保护区域与其他区域分开,保护区域内的喷头按全淹没系统设置。

(4) 对于电缆隧道等狭长防护区,可以采用线形方式布置喷头,一般将喷头布置在隧道的过道上方。无论何种方式,均需保证细水雾能够完全充满所防护的电缆隧道空间。

（5）喷头间距不应大于 3 m，并不应小于 1.6 m，一般为 2.0 m 左右。喷头的出流量通常为 4～10 L/min。

需要注意的是，细水雾喷头与保护对象间要求有最小距离的限值，以实现细水雾喷头在这个距离的良好雾化。细水雾喷头与保护对象间也要求有最大距离的限值，以保证喷雾具有足够的冲量，并到达保护对象表面。

7.4.6　设备灭火器配置

（1）配置原则。油浸式变压器、油浸式电抗器、柴油发电机等处应设置一定数量的手推车式灭火器、消防砂箱和砂桶。消防砂箱容积为 1.0 m³，并配置消防铲，每处 3～5 把，消防砂桶应装满干燥细黄砂。灭火器数量可按《电力设备典型消防规程》（DL5027—2015）的有关规定采用。

（2）室外灭火器和黄砂配置可参考《电力设备典型消防规程》（DL5027—2015）有关规定执行。

7.5　消防供电、照明及报警系统

7.5.1　消防供电

消防用电设备采用双电源或双回路供电时，应在最末一级配电箱处自动切换。变电站内的火灾自动报警系统和消防联动控制器，当本身带有不停电电源装置时，应由站用电源供电，如专用蓄电池作备用电源；当本身不带有不停电电源装置时，应由站内不停电电源装置供电；当电源采用站内不停电电源装置供电时，火灾报警控制器和消防联动控制器应采用单独的供电回路，并应保证在系统处于最大负载状态下不影响报警控制器和消防联动控制器的正常工作，不停电电源的输出功率应大于火灾自动报警系统和消防联动控制器全负荷功率的 120%，不停电电源的容量应保证火灾自动报警系统和消防联动控制器在火灾状态同时工作负荷条件下连续工作 3 h 以上。

消防用电设备应采用专用的供电回路，当发生火灾切断生产、生活用电时，仍应保证消防用电，其配电设备应设置明显标志，其配电线路应采取防火措施。

7.5.2　应急照明

变电站控制室、通信机房、配电装置室、消防水泵房在发生火灾时应能维持正常工作,疏散通道是人员逃生的途径,应设置火灾事故照明。地下变电站全部靠人工照明,对事故照明的要求更高。火灾应急照明和疏散标志应符合下列规定:

(1) 户内变电站、户外变电站的控制室、通信机房、配电装置室、消防水泵房和建筑疏散通道应设置应急照明;

(2) 地下变电站的控制室、通信机房、配电装置室、变压器室、继电器室、消防水泵房、建筑疏散通道和楼梯间应设置应急照明;

(3) 地下变电站的疏散通道和安全出口应设灯光疏散指示标志;

(4) 人员疏散通道应急照明的地面最低水平照度不应低于 1.0 lx,楼梯间的地面最低水平照度不应低于 5.0 lx,继续工作应急照明应保证正常照明的照度;

(5) 疏散通道上灯光疏散指示标志间距不应大于 20 m,高度宜安装在距地坪1.0 m 以下处;疏散照明灯具应设置在出入口的顶部或侧边墙面的上部。

7.5.3　火灾报警与控制系统

下列场所和设备应设置火灾自动报警系统:

(1) 控制室、配电装置室、可燃介质电容器室、继电器室、通信机房;

(2) 地下变电站、无人值班变电站的控制室、配电装置室、可燃介质电容器室、继电器室、通信机房;

(3) 采用固定灭火系统的油浸变压器、油浸电抗器;

(4) 地下变电站的油浸变压器、油浸电抗器;

(5) 敷设具有可延燃绝缘层和外护层电缆的电缆夹层及电缆竖井;

(6) 地下变电站、户内无人值班的变电站的电缆夹层及电缆竖井。

火灾自动报警系统的设计应符合现行国家标准《火灾自动报警系统设计规范》(GB 50116)的有关规定。系统设备选择应符合《火力发电厂与变电站设计防火标准》(GB 50229—2019)表 11.5.26 的规定。有人值班的变电站的火灾报警控制器应设置在主控制室;无人值班的变电站的火灾报警控制器宜设置在变电站门厅,并应将火警信号传至集控中心。

7.6　工　程　案　例

7.6.1　户外变电站

7.6.1.1　站区建(构)筑物

户外变电站消防设计的范围为变电站围墙以内的区域。主要包括消防给水系统、火灾探测报警及控制系统、建筑灭火器配置以及相关的各项防火措施等。

变电站平面布置紧凑合理,各建(构)筑物之间防火间距按规范要求执行。变电站南侧设一个出入口,进站道路宽4.5 m,35 kV配电装置室及主变压器周围设有环形道路,并可用作消防通道。

站内各主要建(构)筑物火灾危险性分类及耐火等级如表7.8所列:

表7.8　建(构)筑物火灾危险性分类及耐火等级

序号	建(构)筑物名称	火灾危险性类别	耐火等级
1	35 kV 配电装置室	戊	二级
2	警卫室	戊	二级
3	事故油池	丙	一级
4	消防水泵房	戊	二级

各建(构)筑物构件的燃烧性能和耐火极限限均按《建筑设计防火规范》的规定进行设计。变电站内建筑物处于一个防火分区内,二次设备室、蓄电池室、开关室等房间的门均朝疏散方向开启或朝向公共走道,部分房间的门采用防火门;配电装置室的室内装修均采用不燃和难燃材料。

7.6.1.2　消防设备配置

为及时有效扑救初起火灾,减少火灾损失,变电所内按规范要求配置足额的移动式灭火器。本工程建筑物内设有手提式干粉灭火器,在主变压器附近配备有推车式干粉灭火器,并配置砂箱及消防铲,同时配置直流水枪和喷雾水枪各一套。本站化学灭火及消防设备配置如表7.9所列:

表 7.9 消防设备配置表

配置部位	干粉灭火器 4(kg)	干粉灭火器 5(kg)	推车式干粉灭火器 50(kg)	砂箱 (1 m³)	泡沫灭火器 6(1)	消防铲	消防斧	消防铅桶	喷雾式水枪	灭火等级/保护面积 (m²)	备注
二次设备室		4								E(A)/132	
35 kV 开关室	6									E(A)/312	
蓄电池室	2									C/36	
生产场所	2										
生活场所	2										
辅助用房	4										
消防泵房及雨淋阀室	6										
室外主变压器			4	2		8					
站内公用设施	6					8	4	15			

注:干粉灭火器选用磷酸铵盐型。

全站灭火器具体布置如图 7.2～图 7.4 所示。

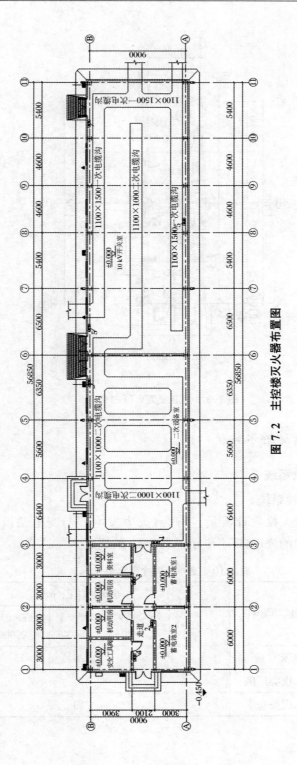

图 7.2　主控楼灭火器布置图

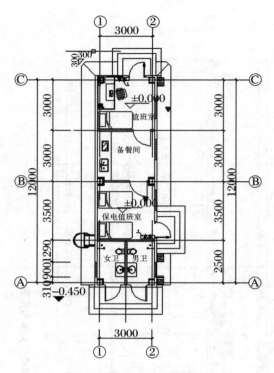

图 7.3　警卫室灭火器布置图

7.6.1.3　消防给水系统

1. 消火栓灭火系统

（1）室外消火栓系统

建筑物室外消火栓设计流量应符合《火力发电厂与变电站设计防火标准》（GB 50229—2019）的规定,即不应小于表 7.10 的规定。

表 7.10　室外消火栓用水量(L/s)

建筑物耐火等级	建筑物类别	建筑物体积（m³）				
		$V \leqslant 1500$	$1500 < V \leqslant 3000$	$3000 < V \leqslant 5000$	$5000 < V \leqslant 20000$	$20000 < V \leqslant 50000$
一、二级	丙类厂房	15		20	25	30
	丁、戊类厂房	15				
	丁、戊类仓库	15				

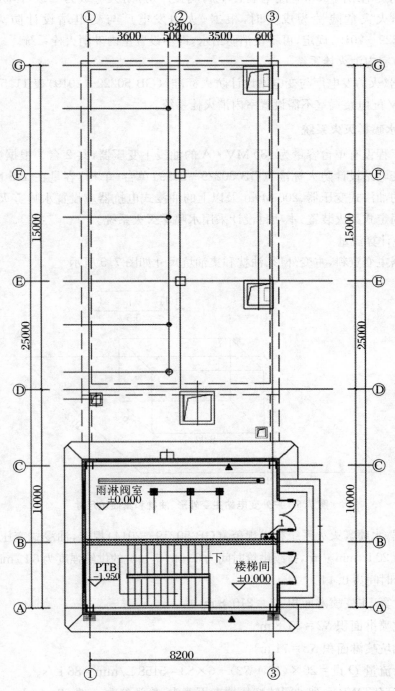

图 7.4　消防泵房灭火器布置图

本期变电站内 35 kV 配电装置室属戊类厂房,耐火等级为二级,体积不大于 3000 m³,火灾危险性为戊类时,根据《火力发电厂与变电站设计防火标准》(GB 50229—2019)规定,可不设消防给水,即不设置室内外消火栓系统。

(2) 室内消火栓系统

根据《火力发电厂与变电站设计防火标准》(GB 50229—2019)表 11.5.9 条规定,35 kV 配电装置室不需设置室内消火栓系统。

2. 水喷雾灭火系统

本工程设有单台容量为 180 MV·A 的油浸主变压器,共 2 台。根据《火力发电厂与变电站设计防火标准》(GB 50229—2019)单台(单相)容量在 125 MV·A 及以上的油浸式变压器、200 Mvar 及以上的油浸式电抗器应设置水喷雾灭火系统或其他固定式灭火装置,本项目设计采用水喷雾灭火系统。

(1) 计算流量

根据主变资料,主变外形、油枕和集油坑尺寸如图 7.5 所示。

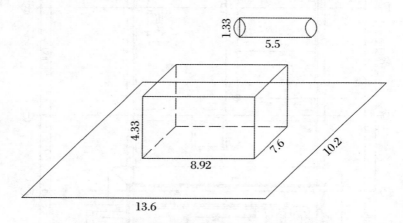

图 7.5 户外变电站主变外形、油枕和集油坑尺寸

根据《水喷雾灭火系统技术规范》(GB 50219—2014)规定,油浸式变压器的供给强度为 20 L/min·m²,持续供给时间为 0.4 h;集油坑的供给强度为 6 L/min·m²,持续供给时间为 0.4 h。

经计算,主变喷淋面积 $S1 = 210.8$ m²

油枕喷淋面积 $S2 = 25.8$ m²

集油坑喷淋面积 $S3 = 71$ m²

设计流量 Q 设 $= 20 \times (S1 + S2) + 6 \times S3 = 5158$ L/min $= 86$ L/s。

布置 ZSTWB 系列油浸式变压器专用喷头,喷头参数 q 选 63。

可得设计喷头个数 N 设 $= Q$,设$/q = 81.90 \approx 82$ 个

实际布置中,主变喷头分上中下三层环绕主变,每层 26 个喷头,油枕布置 8 个喷头,套管升高座布置 4 个喷头。

N 实 = 90 个,Q 实 = 90×80 = 7200 L/min ≈ 120 L/S。

由于本站主变压器选用水喷雾灭火系统,根据规范主变压器需要设置室外消火栓系统。全站消防供水量按同一时间内火灾次数为一次考虑,消防水量按一次最大灭火用水量计算,如图 7.11 所示。

表 7.11　消防用水量表

消防对象	消防用水量标准	消防用水量 （L/s）	火灾延续时间 （h）	消防用水总量 （m³）	选用火灾用水量 （m³）
主变压器	室外消防用水量	15	2	108	281
	主变水喷雾消防	130	0.4	173	

可得,全站最大一次消防用水量约为 281 m³,全站设消防水池一座,有效体积约为 300 m³。

消防泵选则 XBD8/80 型消防泵 3 台(2 用 1 备),N = 110 kW,水泵流量不小于 80 L/S,扬程不小于 0.8 MPa,消防稳压系统一套,包括稳压泵 2 台,一用一备,隔膜式气压罐一个。

消防泵房及水池为半地上半地下或全地下布置,雨淋阀室与消防泵房合建。

消防给水系统具有自动控制、手动控制和应急操作三种启动方式。当主变压器出现火灾时,由火灾报警系统联动装置自动或由值班人员确定火警后手动打开雨淋阀组灭火。

(2) 喷头选型

水喷雾喷头选用 ZSTWB 型不锈钢或者黄铜材质喷头。

ZSTWB 型高速水雾喷头是一种进水口与出水口在一条直线上的离心雾化喷头,可用来扑救电气设备、可燃液体火灾等。广泛用于主变压器、液化石油储罐,及安装在电力、化工、冶金行业、航天航空、海上石油平台、船舶及民用建筑等场所的灭火、控火和防护冷却。

该水雾喷头根据需要可以水平安装,也可以下垂、斜向方向安装。

a. 额定工作压力:0.35 MPa,工作压力范围:0.28—0.8 MPa。

b. 雾化形式:压力水进入喷头后,被分解成沿内壁运动的旋转水流,经混合腔在离心力作用下,由特定的喷口喷出,形成雾化。

c. 雾滴直径:Dv0.9＜900 um。

d. 接口螺纹:国标、美标。

表 7.12　喷头规格型号及流量特性曲线、喷射曲线

新国标编号	对应老型号	公称压力（MPa）	流量（L/min）	雾化角	流量特性系数	连接螺纹
ZSTWB-16-60	ZSTWB-30-60	0.35	30	60°	16	R1/2
ZSTWB-16-90	ZSTWB-30-90	0.35	30	90°	16	R1/2
ZSTWB-16-120	ZSTWB-30-120	0.35	30	120°	16	R1/2
ZSTWB-21.5-60	ZSTWB-40-60	0.35	40	60°	21.5	R1/2
ZSTWB-21.5-90	ZSTWB-40-90	0.35	40	90°	21.5	R1/2
ZSTWB-21.5-120	ZSTWB-40-120	0.35	40	120°	21.5	R1/2
ZSTWB-26.5-60	ZSTWB-50-60	0.35	50	60°	26.5	R3/4
ZSTWB-26.5-90	ZSTWB-50-90	0.35	50	90°	26.5	R3/4
ZSTWB-26.5-120	ZSTWB-50-120	0.35	50	120°	26.5	R3/4
ZSTWB-33.7-60	ZSTWB-63-60	0.35	63	60°	33.7	R3/4
ZSTWB-33.7-90	ZSTWB-63-90	0.35	63	90°	33.7	R3/4
ZSTWB-33.7-120	ZSTWB-63-120	0.35	63	120°	33.7	R3/4
ZSTWB-43-60	ZSTWB-80-60	0.35	80	60°	43	R3/4
ZSTWB-43-90	ZSTWB-80-90	0.35	80	90°	43	R3/4
ZSTWB-43-120	ZSTWB-80-120	0.35	80	120°	43	R3/4
ZSTWB-53.5-60	ZSTWB-100-60	0.35	100	60°	53.5	R3/4
ZSTWB-53.5-90	ZSTWB-100-90	0.35	100	90°	53.5	R3/4
ZSTWB-53.5-120	ZSTWB-100-120	0.35	100	120°	53.5	R3/4
ZSTWB-67.5-90	ZSTWB-125-90	0.35	125	90°	67.5	R1
ZSTWB-80-30	ZSTWB-150-30	0.35	150	30°	80	R1
ZSTWB-86-90	ZSTWB-160-90	0.35	160	90°	86	R1
ZSTWB-107-90	ZSTWB-200-90	0.35	200	90°	107	R1
ZSTWB-117-90	ZSTWB-220-90	0.35	220	90°	117	R1
ZSTWB-160-90	ZSTWB-300-90	0.35	300	90°	160	R1

　　根据表 7.12 和图 7.6,针对不同主变压器,选择合适角度的喷头。实际工程中,通常主变油坑选择 ZSTWB-21.5-120 喷头,主变、散热器及油枕选择 ZSTWB-33.7-120 喷头。

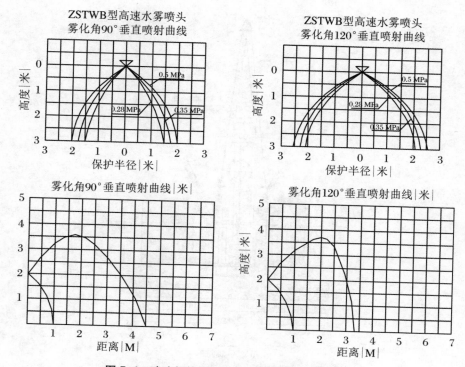

图 7.6　喷头规格型号及流量特性曲线、喷射曲线

水喷雾喷头布置形式参考图 7.7。

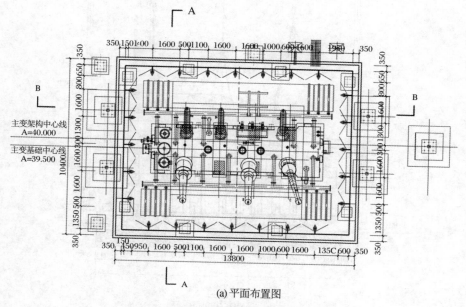

(a)平面布置图

图 7.7　主变水喷雾喷头布置图

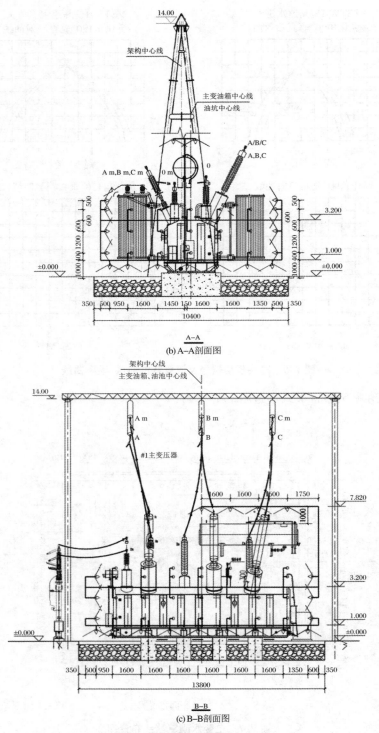

(b) A–A剖面图

(c) B–B剖面图

图7.7　主变水喷雾喷头布置图(续)

（3）主变压器室外消火栓

当变压器采用水喷雾灭火系统时,变压器室外消火栓用水量不应小于 15 L/s。

室外消火栓的选用和布置:

① 室外消火栓应采用湿式消火栓系统。

② 室外消火栓宜采用地上式,室外地上式消火栓应有一个直径为 150 mm 或 100 mm 和两个直径为 65 mm 的栓口,室外地下式消火栓应有直径为 100 mm 和 65 mm 的栓口各一个。当采用室外地下式消火栓时,应有明显的永久性标志,地下消火栓井的直径不宜小于 1.5 m,且当室外地下式消火栓的取水口在冰冻线以上时,应采取保温措施。

③ 在道路交叉或转弯处的地上式消火栓附近,宜设置防撞设施。

④ 除采用水喷雾的油浸变压器、油浸电抗器消火栓之外,户外配电装置区域可不设消火栓。

⑤ 室外消火栓的数量应根据室外消火栓设计流量和保护半径经计算确定,保护半径不应大于 150 m,每个室外消火栓的出流量宜按 10~15 L/s 计算。

⑥ 室外消火栓应配置消防水带和消防水枪,带电设施附近的室外消火栓应配备直流/喷雾水枪。在变电站内主变压器南北侧道路对面的空地布置 3 个室外消火栓。室外消火栓间距不超过 120 m,保护半径为 150 m。室外消火栓宜采用地上式,室外地上式消火栓应有一个直径为 150 mm 或 100 mm 和两个直径为 65 mm 的栓口。

室外消火栓布置位置如图 7.8 所示。

7.6.2　户内变电站

7.6.2.1　站区建(构)筑物

户内变电站消防设计的范围为变电站围墙以内的区域。主要包括火灾探测报警及控制系统、建筑灭火器配置以及相关的各项防火措施等。

变电站平面布置紧凑合理,各建(构)筑物之间防火间距按规范要求执行。变电站西北侧设一个出入口,进站道路宽 4.5 m,配电装置楼周围设有环形道路,并可用作消防通道。

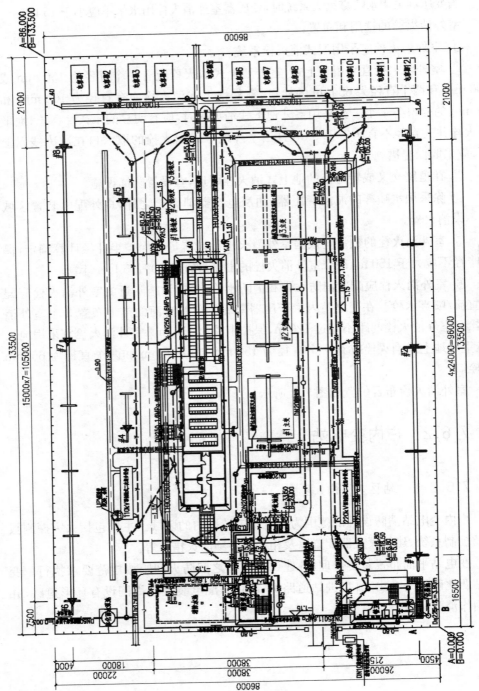

图 7.8 户外站站区室外消火栓布置图

站内各主要建(构)筑物火灾危险性分类及耐火等级如表7.13所列。

表7.13 建(构)筑物火灾危险性分类及耐火等级

序号	建(构)筑物名称	火灾危险性类别	耐火等级
1	配电装置楼	丙	一级
2	警卫室	戊	二级
3	事故油池	丙	一级
4	雨淋阀室消防泵房联合建筑	戊	二级

各建(构)筑物构件的燃烧性能和耐火极限限均按《建筑设计防火规范》的规定进行设计。变电站内建筑物处于一个防火分区内,二次设备室、蓄电池室、开关室等房间的门均朝疏散方向开启或朝向公共走道,部分房间的门采用防火门;配电装置室的室内装修均采用不燃和难燃材料。

由于本期变电站工程站区内建筑物配电装置楼属丙类厂房,其耐火等级为一级,且体积超过 20000 m³,小于 50000 m³。根据《建筑设计防火规范》规定,本站采用水消防系统,设室外消火栓 3 支,室内消火栓 26 支。

根据基建技术〔2019〕51 号文《国网基建部关于发布 35~750 kV 变电站通用设计通信、消防部分修订成果的通知》,220 kV 及以上变电站电缆夹层和竖井应设置自动灭火设施,本工程拟在电缆层及电缆隧道中设置超细干粉灭火系统。

7.6.2.2 消防设备配置

为及时有效扑救初起火灾,减少火灾损失,变电所内按规范要求配置足额的移动式灭火器。本工程建筑物内设有手提式干粉灭火器,在主变压器附近配备有推车式干粉灭火器,并配置砂箱及消防铲。本站化学灭火及消防设备配置如表 7.14所列。

表7.14 消防设备配置表

配置部位	干粉灭火器 4(kg)	干粉灭火器 5(kg)	推车式干粉灭火器 50(kg)	砂箱 (1 m³)	泡沫灭火器 6(1)	消防铲	消防斧	消防铅桶	喷雾式水枪	灭火等级／保护面积 (m²)	备注
二次设备室	6									E(A)/156	
10 kV 配电装置室	10									E(A)/423	
220 kV 及 110 kV GIS室	20									E(A)/805	

续表

配置部位	干粉灭火器 4(kg)	干粉灭火器 5(kg)	推车式干粉灭火器 50(kg)	砂箱 (1 m³)	泡沫灭火器 6(1)	消防铲	消防斧	消防铅桶	喷雾式水枪	灭火等级/保护面积(m²)	备注
电容器室	4									混合/194	
电抗器室	6									混合/240	
电缆层	64									E/1707	
蓄电池室	4									C/36	
室内主变压器室	12	4								混合/165	
室内主变压器散热器室	8									混合/75	
警卫室	2									A	
室内其他区域	16									A	
站内公用设施	6				8	4	16	6			

注:干粉灭火器选用磷酸氨盐型。

7.6.2.3 消防给水系统

1. 室内、外消火栓灭火系统

建筑物室外消火栓设计流量应符合《火力发电厂与变电站设计防火标准》（GB 50229—2019）的规定，即不应小于表7.15～表7.17的规定。

表7.15 室外消火栓用水量(L/s)

建筑物耐火等级	建筑物类别	建筑物体积(m³)				
		V≤1500	1500<V≤3000	3000<V≤5000	5000<V≤20000	20000<V≤50000
一、二级	丙类厂房	15		20	25	30
	丁、戊类厂房	15				
	丁、戊类仓库	15				

表 7.16　室内消火栓用水量

建筑物名称	建筑高度 H(m)、体积 V(m³)、火灾危害性			消火栓用水量（L/s）	同时使用消防水枪数（支）	每根竖管最小流量（L/s）
控制楼、配电装置楼及其他生产类建筑	$H \leqslant 24$	丁、戊		10	2	10
		丙	$V \leqslant 5000$	10	2	10
			$V > 5000$	20	4	15
	$24 < H \leqslant 50$	丁、戊		25	5	15
		丙		30	6	15
检修备品仓库	$H \leqslant 24$ 丁、戊			10	2	10

本期变电站内配电装置室属丙类厂房,耐火等级为一级,且体积大于 20000 m³,小于 50000 m³。根据《火力发电厂与变电站设计防火标准》(GB 50229—2019)表 11.5.3 和表 11.5.9,其室外消火栓用水量为 30 L/s,室内消火栓用水量为 20 L/s。火灾延续时间按《消防给水及消火栓系统技术规范》(GB 50974—2014)表 3.6.2 取 3 h。按此计算,变电站室内、外消火栓一次灭火用水量为:

$$Q = (30 + 20) \text{ L/s} \times 3 \text{ h} \times 3.6 = 540 \text{ m}^3$$,均由消防水池提供。

(1) 室外消火栓的选用和布置。

① 室外消火栓应采用湿式消火栓系统。

② 室外消火栓宜采用地上式,室外地上式消火栓应有一个直径为 150 mm 或 100 mm 和两个直径为 65 mm 的栓口,室外地下式消火栓应有直径为 100 mm 和 65 mm 的栓口各一个。当采用室外地下式消火栓时,应有明显的永久性标志,地下消火栓井的直径不宜小于 1.5 m,且当室外地下式消火栓的取水口在冰冻线以上时,应采取保温措施。

③ 在道路交叉或转弯处的地上式消火栓附近,宜设置防撞设施。

④ 除采用水喷雾的油浸变压器、油浸电抗器消火栓之外,户外配电装置区域可不设消火栓。

⑤ 室外消火栓的数量应根据室外消火栓设计流量和保护半径经计算确定,保护半径不应大于 150 m,每个室外消火栓的出流量宜按 10～15 L/s 计算。

⑥ 室外消火栓应配置消防水带和消防水枪,带电设施附近的室外消火栓应配备直流/喷雾水枪。

(2) 室内消火栓的选用和布置。

① 室内环境温度不低于 4 ℃,且不高于 70 ℃ 的场所,应采用湿式室内消火栓系统。

② 带电设施附近的室内消火栓应配备喷雾水枪。

③室内消火栓应设置在楼梯间及休息平台和前室、走道等明显易于取用、以便于火灾扑救的位置,电气设备房间内不宜设置消防管道和室内消火栓。大房间、大空间需设置消火栓时应首先考虑设置在疏散门的附近,不应设置在死角位置。

④ 室内消火栓宜按直线距离计算其布置间距。消火栓按两支消防水枪的两股充实水柱布置的建筑物,其消火栓的布置间距不应大于 30 m;消火栓按一支消防水枪的一股充实水柱布置的建筑物,其消火栓的布置间距不应大于 50 m。

⑤ 应采用 DN65 室内消火栓,并可与消防软管卷盘和轻便水龙设置在同一箱体内。

⑥ 栓口离地面高度宜为 1.1 m,其出水方向应便于消防水带的敷设,并宜与设置消火栓的墙面成 90°角或向下。

⑦ 设置室内消火栓的建筑应设置带有压力表的试验消火栓。多层建筑应在其屋顶设置,宜设置在水力最不利处,且应靠近出入口。严寒、寒冷等冬季结冰地区可设置在顶层出口处,应便于操作并采取防冻措施。

⑧ 室内消火栓栓口动压和消防水枪充实水柱,应符合下列规定:

消火栓栓口动压不应大于 0.50 MPa,当大于 0.70 MPa 时,必须设置减压装置。变电站内厂房等场所,消火栓栓口动压不应小于 0.35 MPa,且消防水枪充实水柱应按 13 m 计算;其他场所,消火栓栓口动压不应小于 0.25 MPa,且消防水枪充实水柱应按 10 m 计算。

室内消火栓布置见二维码。室外消火栓布置如图 7.9 所示。

室内消火栓布置图

2.水喷雾灭火系统

(1)计算流量

本工程设有单台容量为 180 MV·A 的油浸主变压器,共 2 台。根据《火力发电厂与变电站设计防火标准》(GB 50229—2019)单台(单相)容量在 125 MV·A 及以上的油浸式变压器、200 Mvar 及以上的油浸式电抗器应设置水喷雾灭火系统或其他固定式灭火装置,本项目设计采用水喷雾灭火系统。

根据主变资料,主变外形尺寸、油枕尺寸和集油坑尺寸如图 7.10 所示。

根据《水喷雾灭火系统技术规范》(GB 50219—2014)规定,油浸式变压器的供给强度为 20 L/min·m²,持续供给时间为 0.4 h;集油坑的供给强度为 6 L/min·m²,持续供给时间为 0.4 h。

经计算,主变喷淋面积 $S1 = 210.8$ m²

油枕喷淋面积 $S2 = 25.8$ m²

集油坑喷淋面积 $S3 = 71$ m²

设计流量 $Q_{设} = 20 \times (S1 + S2) + 6 \times S3 = 5158 \ \text{L/min} = 86 \ \text{L/s}$。

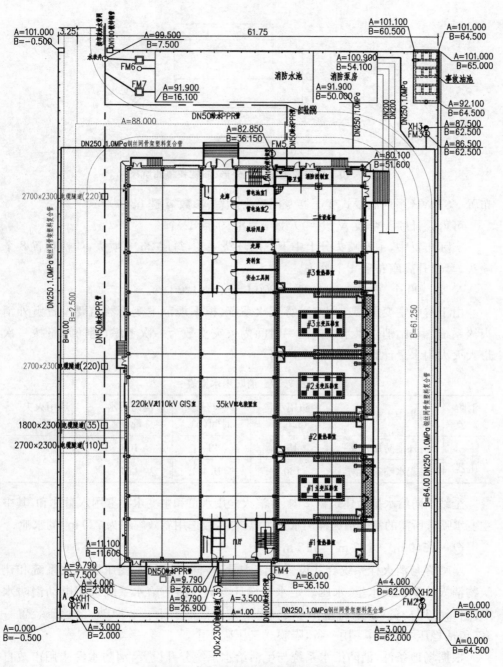

图 7.9   户内站站区室外消火栓布置图

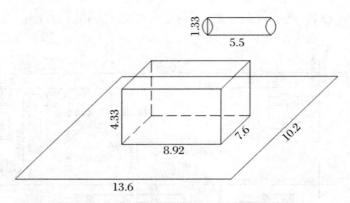

图 7.10 户内变电站主变外形、油枕和集油坑尺寸

布置 ZSTWB 系列油浸式变压器专用喷头,喷头参数 q 选 63。

可得设计喷头个数 N 设 $= Q$ 设 $/q = 81.90 \approx 82$ 个

实际布置中,主变喷头分上中下三层环绕主变,每层 26 个喷头,油枕布置 8 个喷头,套管升高座布置 4 个喷头。

N 实 $= 90$ 个,Q 实 $= 90 \times 80 = 7200$ L/min ≈ 120 L/s。

由于本站主变压器选用水喷雾灭火系统,根据规范主变压器需要设置室外消火栓系统。全站消防供水量按同一时间内火灾次数为一次考虑,消防水量按一次最大灭火用水量计算,如表 7.17 所列。

表 7.17 消防用水量表

消防对象	消防用水量标准	消防用水量(L/s)	火灾延续时间(h)	消防用水总量(m³)	选用火灾用水量(m³)
主变压器	室外消防用水量	15	2	108	281
	主变水喷雾消防	130	0.4	173	

全站消防给水量为建筑物室内、外消火栓用水量和主变水喷雾用水量之和,其中主变水喷雾所需的室外消火栓用水量可以折减,故选用有效容积为 720 m³ 的水池。

$Q_总 = 540$ m³ $+ 173$ m³ $= 713$ m³

水喷雾与消火栓系统合并设置消防主泵,按同时满足主变压器灭火系统和建筑物消火栓系统的水量、水压确定水泵设计参数。消防给水系统选用电动消防水泵三台,二用一备,水泵流量不小于 85 L/s,扬程不小于 0.8 MPa,设稳压装置一套,包括稳压泵 2 台,一用一备,隔膜式气压罐一个。

根据场地条件,消防给水系统与生活给水系统分开设置,消防水源采用市政自来水供水。消防给水系统具有自动控制、手动控制和应急操作三种启动方式。当主变压器出现火灾时,由火灾报警系统联动装置自动或由值班人员确定火警后手动打开雨淋阀组灭火。

（2）喷头选型

水喷雾喷头选用 ZSTWB 型不锈钢或者黄铜材质喷头。

ZSTWB 型高速水雾喷头是一种进水口与出水口在一条直线上的离心雾化喷头，可用来扑救电气设备、可燃液体火灾等。广泛用于主变压器、液化石油储罐，以及安装在电力、化工、冶金行业、航天航空、海上石油平台、船舶及民用建筑等场所的灭火、控火和防护冷却。

该水雾喷头根据需要可以水平安装，也可以下垂、斜向方向安装。

① 额定工作压力：0.35 MPa，工作压力范围：0.28～0.8 MPa。

② 雾化形式：压力水进入喷头后，被分解成沿内壁运动的旋转水流，经混合腔在离心力作用下，由特定的喷口喷出，形成雾化。

③ 雾滴直径：$D_v 0.9 < 900 \mu m$。

④ 接口螺纹：国标、美标。

根据表 7.12 和图 7.6，针对不同主变压器，选择合适角度的喷头。实际工程中，通常主变油坑选择 ZSTWB-21.5-120 喷头，主变、散热器及油枕选择 ZSTWB-33.7-120 喷头。

水喷雾管道系统图及喷头布置图如参考图 7.11 所示。

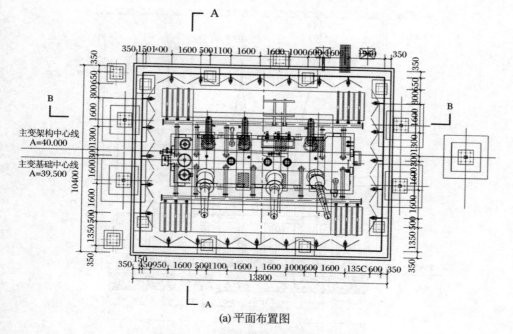

（a）平面布置图

图 7.11　主变水喷雾喷头布置图

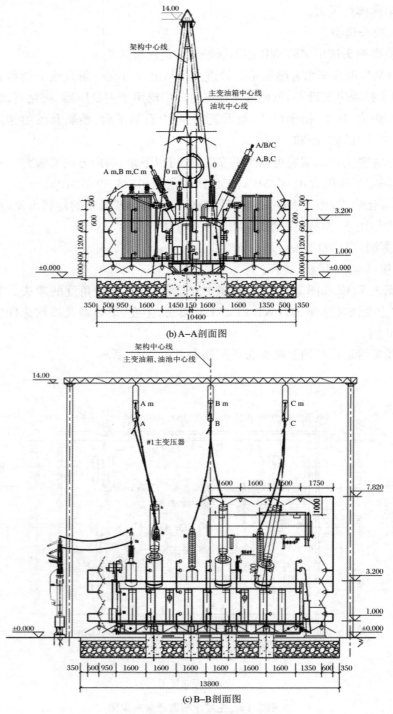

(b) A−A剖面图

(c) B−B剖面图

图 7.11　主变水喷雾喷头布置图(续)

7.6.3　220 kV 户外和户内变电站消防设计比较

根据上述实例设计结果,从火灾危险性、消防形式、消防水池体积和消防泵系统配置等方面对比 220 kV 户外和户内变电站的消防设计,如表 7.18 所示。

表 7.18　220 kV 户外和户内变电站消防设计比较

变电站类别	220 kV 户外站	220 kV 户内站
建筑物火灾危险性	戊	丙
建筑物消防形式	移动灭火器	室内外消火栓 + 移动灭火器
主变消防形式	水喷雾	水喷雾
消防水池体积(m³)	300	720
消防泵系统	110 kW 主泵两用一备,稳压泵一用一备	110 kW 主泵两用一备,稳压泵一用一备